FLAVORS OF LINGNAN

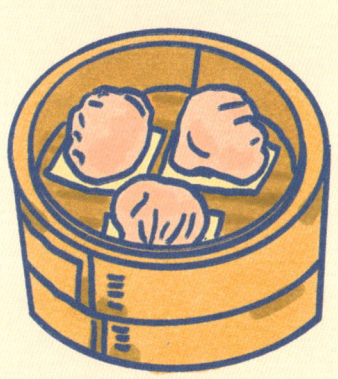

林卫辉 著

S?M 南方传媒 | 花城出版社

中国·广州

图书在版编目（CIP）数据

风味岭南 / 林卫辉著. -- 广州 ：花城出版社，
2025. 8. -- ISBN 978-7-5749-0191-9
Ⅰ. TS971.202.65-49
中国国家版本馆CIP数据核字第2025MD1483号

风味岭南
FENGWEI LINGNAN

林卫辉／著

出 版 人	张　懿
责任编辑	林　菁　杨柳青
责任校对	卢凯婷
技术编辑	凌春梅
封面设计	DarkSlayer
封面插画	马钰涵
内文设计	二间设计
图片摄影	何文安
出版发行	花城出版社
经　　销	全国新华书店
印　　刷	广州市岭美文化科技有限公司
开　　本	880毫米×1230毫米　32开
印　　张	9.875　2插页
字　　数	197,500字
版　　次	2025年8月第1版　2025年8月第1次印刷
定　　价	68.00元

版权所有·侵权必究。如发现印装质量问题，请与出版社联系。
联系电话：020-37604658　37602954

美食远远不是各种美食榜单所能覆盖得到的。家庭餐桌、大众餐饮和精致餐饮,共同反映一个地方的美食。

序
粤菜风光背后的危机

钱锺书先生治学,以"打通"二字为尚。卫辉兄的岭南美食研究,之所以迥异众流,高树一帜,亦在"打通"二字。

就从这本《风味岭南》来看,他做了四重"打通":就研究主体而言,他向纵深探寻,打通化学分析师、烹饪师与品尝师三者的角色,知行合一,既能道其然,更能道其所以然。就粤菜的领域而言,他突破原有"狭义粤菜"的概念,打通了广府菜、潮州菜、客家菜的局限,形成一个"大粤菜"的新范畴。就品尝的层次而言,他以舌头为宗,打通了家常菜、街头风味与高级饭馆的界限,做美美与共的美食平等观。而最有深度的是,从历史来看,他打通了粤菜的来龙、现况和去脉;以当下的品尝为原点,细说它当下的滋味,由此溯源其衍化的来路,再分析当下问题,对粤菜的未来发展,作出了"盛世危言"式的警示。

所以,在我看来,《风味岭南》一书,实在隐含三元:既是粤菜来龙的"渊源录",又是当下滋味的"舌华录",更是观其去脉的"忧思录"。

卫辉兄点出了粤菜的三大隐忧：创新乏力，去精致化，和人才培养不力。其中《有一些美好终将流逝》一文中，对"某记"今不如昔的叙述，可谓尝一脔而知一鼎，发出暮鼓晨钟之鸣。

凡一个菜系之兴衰史，背后莫不连着该区域经济及商帮的兴衰史。或许有人会说，粤地居山海之会，南北奇货聚集，华夷巨贾交往，商贸发达，粤菜亦因之勃兴，历经世变，一直高歌猛进，一直领先，未尝输给任何菜系，所谓忧思者，不是杞人之忧吗？非也。其长盛二三百年而不衰，自有其不衰之由；而未来堪忧者，自有其不容乐观之因。

自清初"一口通商"政策，"广州是世界上最大的城市之一，也是中国最大的商业市场"（姚贤镐编《中国近代对外贸易史资料》第1册，第545页），以此为背景，珠履华筵，山珍海错，自不待言。乾隆年间著名诗人赵翼任广州知府期间，就记下了当时粤食之奢华，这在本书正文的第4页已有很好的阐述。但到了咸丰年间五口通商，中国的开放进一步扩大，十年之间，广州经济一落千丈，从1844年的外贸进出口3340万美元，到1855年降至650万元（许涤新、吴承明《中国资本主义发展史》第66、148页），不足以前的两成，广州经济之凋敝，可想而知。广州商贸从一枝独秀到落后于上海，乃至天津、汉口、大连、青岛。这期间广州本土的民生，当是断崖式下降的。但令人意想不到的是，粤菜并没有因广州之衰落而衰落，反而因之拓土开疆。这是因为虽粤地商贸下滑，而粤籍商帮不衰。

香港、上海之发达，乃至后来汉口、天津的兴起，粤派商帮都有开辟草莱之功，粤菜之兴，也如影随形，成为当地城市的美食标杆。北京则因清末粤籍官僚集团的崛起，民国初年北洋政坛所谓交通系（亦称粤系）的势力独强，粤派官府菜（谭家菜之主持者谭篆青甚至可认为是交通系中人）也不因广州之衰而衰，牢牢地在北京立稳了脚跟。而到了陈济棠治粤八年，广东经济元气回复，物阜民丰，名食府林立，连邓小平在20世纪80年代接见陈氏儿子陈树柏时也说："老一辈的广东人都怀念他"，怀念陈济棠，当然也包括那一个粤菜风行五岭内外的第一个黄金时代。

经过长期战乱之新中国，进入一个艰难的恢复时期，计划经济自是短缺经济，各大菜系都因之处于历史低潮，厨师们没有不苦于"巧妇难为无米之炊"的。唯有粤菜有"双城记"特征，东方不亮西方亮，粤菜在香港却进入一个新的繁荣阶段，成为八大菜系中唯一一面不退反进的红旗。到了改革开放，粤港汇流，双城合力，广东在经济上先行一步，"东西南北中，发财到广东"，经济地位上的倾斜，当然引起饮食文化的倾斜，粤菜进入第二个黄金时代，无论是家常菜、街头风味，还是高级饭馆，都开始了粤菜的又一高光时刻。今日我们自我感觉良好，都是这一高光时刻的美好斜阳。卫辉兄品尝并大赞的六婶"阿二靓汤"，信记的"土茯苓炖龟"，都可视作对这一斜晖的悠悠眷恋。

总之，在过往的一两百年间，无论经济之盛衰如何，粤菜都处于长盛状态。但到今天，全国饮食界可谓迎来一个千年未遇之大变局。何解？第一是全民饮食结构出现了巨大的改变，肉食比例大幅提高，主粮比例下降，这是汉民族空前未有的大转变。第二，食物结构改变引起口味的改变，其中最明显的便是嗜辣口味风靡全国，这一口味的变化，在年轻人中尤为突出，附带一句题外话，广州本土年轻人连广州话也讲不利索了，口舌相通，广东味正在减退。第三，是互联网物联网时代带来的变化，厨艺知识交流和获得的便利性，已经改变了师徒手口秘传的方式，其普及性、交融性大有代替独占性和独特性的趋势；冷链物流的便利及其技术不断进步的可能，也将改变广东"独得河海生鲜之丰，尽聚山岳干货之奇"的独特优势。第四，随着内地经济的发展，粤港经济上的明显优势已逐步减弱，与内地经济的差距逐步缩小。内地文旅产业得天独厚，这给了当地菜系以重新出发的机缘，后发优势日益显现。而此时粤菜系统已处于守势，川菜湘菜江淮菜花样翻新，正以咄咄逼人之势兵临城下，不，实际上已攻入城中。一句话，就是食客市场、竞争市场都改变了。粤菜体系正面临空前的挑战。

食客的口味正在改变，传统深厚的粤菜如何应对？是厨师听食客的，还是食客听厨师的？我们且从"舌文化"转向一下"耳文化"，粤剧的一次成功改革或许有一定启示：观众是演员的学校，演员是观众的导师。演员受"校风"的熏陶，必须迎合观众的口味变化；但观众也在演员的杰出表演中提高自身的品位，练出自己的好耳朵。（有趣的是，江孔殷既是"太史菜"的主导者，也是当年戏班的大班主，有"戏霸"的恶谥。）

20世纪30年代以前,粤剧还是唱官话的,它与粤菜一起北伐,在上海,足以与京剧争雄,连陈三立、朱孝臧都是它的戏迷。但后来粤剧为顺应观众对"大戏"本土化的要求,在坚持梆黄体系的前提下,逐步改官话为白话,从而更贴近新的观众,而改用白话后,薛觉先、马师曾等人乘势崛起,薛马争雄,演出了新戏码,唱出了新腔调,让观众品出了更浓的"粤味",从而创造了粤剧新的黄金时代。这就是学校(观众)与导师(演员)之间良好互动的结果。

今天食客口味正在产生新的变化和新的需求,粤菜应如何做出变化?如果厨师只知徇众,出品难精,风斯下矣;只守传统,不能出新,无以代雄。在出现过钟权、梁瑞、杨贯一、黄振华等名厨的粤菜界,今后,谁将继起?谁是既顺应食客的口味,又点醒食客的舌头;既是粤菜滋味中"梆黄"的坚守者,又是口味一新的"薛腔""马腔"的创造者呢?

卫辉兄在品鉴今天的粤味时,既赞赏潮汕宵夜中各种精致的"糜",它守住那一份无敌的魅力,抗衡住当今火锅宵夜"吃嗨"的潮流;又对炳胜酒楼那道"肉汁炳胜辣蒸波士顿龙虾"、广御轩那道"黄贡椒酱蒸天然甲鱼"大加表彰,说是达到辣不掩鲜,以辣提鲜的效果。其中"炳胜辣"三字尤可深味,它包含了创新"粤味"的密码。一守一创,各有千秋。这些,或许就是卫辉兄在"忧思录"中留下的一抹微曦吧?

罗韬

(资深媒体人、文化学者)

目录

壹·岭南食话
Lingnan's Culinary Tales

002　粤菜的发展脉络

008　粤菜为何受欢迎?

014　风格各异的粤菜

022　粤菜面临的挑战

029　在国内,为什么最好吃的粤菜在广州?

033　文化与美食

038　江太史的美食人生

048　被误解的不时不食

053　老广宵夜

059　得闲饮茶

066　镬气

071　潮州菜与潮汕文化

078　潮州菜源于唐朝吗?

085　韩愈带家厨来潮州了吗?

贰·岭南家常
Lingnan's Hearth Flavors

- 094　元宵节话汤圆
- 101　潮汕甜品鸭母捻
- 106　老广的意头菜——生菜
- 113　老广的意头菜——发菜
- 119　老广吃笋
- 127　老广的猪姆菜
- 134　沙虫和泥钉，你是何方神圣？
- 142　塘葛菜煲生鱼
- 147　再说茄子
- 155　红豆沙
- 160　狗母鱼、蟳虎鱼和笋壳鱼
- 166　艾，不艾？
- 174　节瓜

叁·岭南街头风味
Lingnan's Street Bites

- 180　南围大排档
- 186　广州老姜饭堂信记
- 193　安居一隅的梁家菜馆

201	有一些美好终将流逝
207	有一些美味终会留住
213	广州的鲜在东涌
220	菜园鸡煲
223	大眼强的三板斧
230	霜降吃羊肉

肆·岭南豪宴
Lingnan's Grand Feast

236	椰林海鲜码头，广州吃生猛海鲜好去处
242	指橙与老香橼
248	瑰·茶厅，贵的茶餐厅
253	老广的味道
259	广州终于有了真正的顶级餐厅
265	不得了的一方
269	不随便的"随轩"
275	玉堂春暖的八宝鸭
281	懒人吃榄仁
291	"屿"餐厅的红蟳米糕

297	后记　岭南胃和岭南情

壹

岭南食话

风味岭南

粤菜的发展脉络

手工水晶虾饺

　　粤菜是岭南地区特定的气候、地理、历史、物产及饮食风俗，经过漫长历史演变，并在一定经济条件下形成的一整套自成体系的烹饪技艺和风味，并被全国各地所承认的地方菜肴，广义的粤菜包括广府菜、潮州菜和客家菜，狭义的粤菜指的就是广府菜。

　　梳理粤菜的发展史，还须放到大中华的体系中去观察。大体上，春秋战国时期，中国饮食文化中南北菜肴风味就表现出差异，到唐宋时，南食、北食各自形成体系，韩愈被贬到潮州，写了一首诗——《初南食贻元十八协律》，就提到"南食"。到了清初，鲁菜、川菜、粤菜、淮扬菜，成为当时最有影响力的地方菜，被称作四大菜系。至于八大菜系的说法，则要等到中华人民共和国成立,才在四大菜系基础上加上了浙菜、闽菜、徽菜、湘菜。

清初才有"粤菜"这个概念,并不等于在此之前就没有粤菜,但一个地方菜系的形成、自成体系和广为人知,应该是基本条件。粤菜体系的形成,是一个漫长的积累过程。华南地区81处考古发现,说明在新石器时代就已经有人类活动,这时候离粤菜的形成还远着呢。1983年南越王墓考古发现有不少美食,有200多只禾花雀的骨骼,旁边就有铜煎炉,这是煎禾花雀;有2000多个青蚶在铜鼎、铜鍪(móu)、铜提筒、铜壶和铜鉴等器具中,其中还伴有猪骨、鱼骨,这看起来是个海鲜和猪骨大杂烩;在铜鍪、铜提筒、铜壶中发现了1500多个龟足,就是佛手螺,这像白灼龟足;还发现了烤炉与小猪骨头,这是烤乳猪。有人据此认为粤菜在这个时候已经形成,粤菜起源于西汉说就以这个考古发现为依据。个人认为,这个时期是粤菜开始的一个重要里程碑,粤菜迈开了重要一步,但煎、煮、烤这些烹饪方式还比较原始,导热功能更佳的铁锅还没出现,连炒这种烹饪方式都还没有,这离"自成体系"也还很远,更别提"广为人知"了。但从食材来看,禾花雀、乳猪、青蚶、龟爪出现在餐桌,说明那时的食材已经形成自己独特的风格,有了粤菜的影子。

在此之后关于岭南的各种饮食记载也出现了:东汉杨孚的《南裔异物志》;三国时沈莹的《临海异物志》;两晋刘欣的《交州记》,嵇含的《南方草木状》,裴渊的《广州记》，徐衷的《南方记》，崔豹的《古今注》；唐朝刘恂的《岭表录异》，韩愈在《初南食贻元十八协律》也提到了岭南的饮食；北宋时苏东坡的惠州生活，南宋周去非的《岭外代答》，对岭南饮食也多有记录；明朝杨慎的《异鱼图赞笺》，虽然连猜带蒙，道听途说，也算上吧。从这些文献可以看出，粤菜离"自成体系，广为人知"还有不少距离，倒是经常被贴上了"怪"和"异"的标签。

到了大清，广州成为唯一的对外通商口岸，贸易的频繁带来了经济的繁荣，这为粤菜的大发展提供了条件。据岭南美食史研究专家周松芳博士的研究成果，1770年，时任广州知府的赵翼惊叹府衙美食的奢华："古所谓钟鸣鼎食殆无以过"，"统计平生膴仕，惟广州一年"。道光二年（1822）西关大火，有人认为这是因为这一带过于奢侈而遭天谴："酒海肉林，褕衣珍食。起家屠侩，淫侈亡等，天殁怒其妖邪，使海市蜃楼，尽付于祝回之一炬，垂戒不可谓不严。"从一个侧面也可以看到当时饮食的繁荣。1843年6月24日，钦差大臣耆英宴请港英当局，有燕窝羹、鹿肉、鸭肉、鱼翅、鱼肚、孔雀、野鸡、火腿、鲨鱼汤等，除了野生动物，其他名贵菜肴今天还出现在粤菜菜单中，可以说，清初至中期，粤菜已经相当显赫。

粤菜的高光时刻出现在清末民国初，"食在广州"的招牌就是那时被认可的。还是根据周松芳博士的研究成果，在私宴方面，当时享有盛名的谭家菜和太史菜，前者北迁后发展成顶级官府菜，后者则将粤菜发扬光大，创始人江

烧腊

孔殷江太史成为羊城食坛第一家，太史菜也成了粤菜发展史上的传奇。而在市井美食方面，由佛山商帮推动了广州茶楼的升级换代，各路商人投资兴建酒楼，"长堤二十里高耸入云、金碧辉煌的大楼房，差不多可以说全是大酒楼……虽上海的陶陶、杏花楼也难与其匹敌，北平的中央饭店，更是望尘莫及"。当时的一段顺口溜，十分形象地概括了当时广州美食的盛景："食得系福，着得系禄。四大酒家，人人听到耳都熟。手掌咁大只鲍鱼，食到嘴都啷；江南百花鸡，胜过食龙肉；鼎湖罗汉斋，一味清香无啲浊。喂喂喂，大翅更扬名，六十元有价目，食落自己个肚，胜过起大屋。你睇厅房咁排场，四围有格局，仲有广源嘅美酒，诸君饮过添丁添才添寿又添福。"

改革开放后，香港的港式粤菜反哺传统粤菜，广东餐饮业借改革开放的先机，向港澳粤菜学习，"生猛海鲜""大排档""镬气"成为粤菜的代名词，"食在广州"不仅迎来全面的复兴，而且更进一步影响了全国的餐饮业。

传统粤菜师傅们在看清楚港式粤菜的套路后，结合传统粤菜和国内市场的实际，大胆学习和创新，也创造了粤菜的另一个新高度。在国内餐饮业蓬勃发展的今天，粤菜仍然引领着时代的潮流，以国内权威的精致餐饮榜单黑珍珠为例，2022年黑珍珠餐厅指南榜单，在283家上榜餐厅中，粤菜以64家的优势，领先于其他菜系。更重要的是，粤菜还对其他菜系的发展产生了深刻的影响，目前其他菜系的精致餐饮，多多少少都可以看到粤菜的影子。

一个菜系的繁荣，经济发展水平是基础，餐饮业投资者与从业人员的眼界和努力是加速器。粤菜的优势并不是历史悠久，而是随着广东经济的繁荣和广东人敢为人先的精神而发展壮大，并引领餐饮潮流。在经济全面发展、人民生活全面改善的今天，其他菜系也迎来全面发展的大时代，而且发展势头大有赶超粤菜的趋势。粤菜如何继续引领潮流？需要粤菜从业者继续努力。

蒜蓉蒸丝瓜

粤菜为何受欢迎？

美食发展的前提是经济的繁荣，乘改革开放的东风，粤菜率先起步，并从广东走向全国，刮起一股"生猛海鲜"潮。在主要城市，基本都可以看到粤菜的身影。以国内权威的精致餐饮榜单黑珍珠为参照，2022年黑珍珠餐厅指南榜单，在64家上榜粤菜餐厅中，广州有13家，深圳有5家，香港有10家，澳门有4家，加上汕头的4家、顺德的2家，其余的26家在非粤菜地区，这说明粤菜走出广东一样深受欢迎，粤菜仍然占据精致餐厅的主角，粤菜师傅们在外地开疆拓土，攻城拔寨，为推广粤菜做出了贡献。

不同的地理环境和生活习惯，造就了一个地方的口味偏好，一方水土养一方人，就包括了一方的口味，一个地方的人最喜欢的肯定还是当地的风味，粤菜能够在不同地方都受欢迎，个中原因不外乎以下几点：

粤菜追求食材新鲜"生猛"，符合烹饪科学

一提到粤菜，大家想到的就是生猛海鲜。是的，粤菜对海鲜的要求不仅仅是"生"，要活着的，而且要"猛"，要活力十足，那种气若游丝、奄奄一息的海鲜，不受老广待见，价格差了一大截。这是老广在长期的实践中摸索出来的经验总结，完全符

合食物科学。海鲜一旦被捕捞上岸，随着环境的改变，恐惧感让它们产生应激反应，它们基本上也不再进食。但它们还活着，靠什么维持其生命呢？其自身的营养首先消耗的是糖分，然后是脂肪，若接着是蛋白质，最后是氨基酸。海鲜的糖分提供了甜味，海鲜的风味主要藏在脂肪里；若蛋白质流失，则肉变得更少，瘦得只剩下骨头或者壳；而氨基酸则提供了鲜味。没有了这些味道，这样的海鲜能好吃吗？

死掉的海鲜更是大失水准。海鲜的鲜味由氨基酸和氧化三甲胺提供，海鲜死后，氧化三甲胺分解为三甲胺和二甲胺，这些是腥味物质。氨基酸失去营养源，经过一系列分解，最终也会产生胺，胺就是臭味，又腥又臭的海鲜，应该没有人喜欢。

当然了，保鲜技术可以部分挽救上述现象，但只是减缓这些进程。海鲜肉里的主要成分是水，水分含量最高可达85%，冷冻时温度在0℃以下，肉里的水分结冰，体积膨胀9%，就把海鲜的蛋白质、氨基酸分子给破坏了，解冻时这些充满迷人风味的物质就流失了一部分。同时，由于失去营养源，蛋白酶对蛋白质进行分解，造成了轻度水解的自溶反应，肉质变得软绵绵的，这样的海鲜不会讨人喜欢。

不仅仅海鲜需要生猛，肉也要求新鲜。凌晨番禺的猪杂店，大家围着抢还在跳动的猪杂；鸡最好是现买现杀，当然现在要求集中屠宰，所以风味也差了一大截，这是因为动物死后几个小时就开启了尸僵反应，肉变得又酸又硬，也就没有那么好吃了。

🍴粤菜是最善于融合和包容的菜系，符合交流日益频繁的人们对美食的要求

从粤菜的高光时刻——清末民初那个时期看，彼时的广州，各方商贾云集，各种风格餐馆林立，带来了粤菜与其他菜的大融合，尤其是早于粤菜成名的淮扬菜，对粤菜的影响很大：广州的早茶点心，源于淮扬菜的点心，粤菜将其发扬光大，从重碳水化合物向多蛋白质转化，至今仍可看到两者十分相似。粤菜驰名的白切鸡，来自淮扬菜的白片鸡，只是在温度把控上更加大胆、更加精准。做白切鸡，水始终要保持在90℃左右，俗称虾眼水或蟹眼水，三进三出，让鸡皮形成温差，以便形成一层保护层，阻止鸡肉汁液的渗出；之后浸20分钟左右，通过热水浸泡让鸡肉里面的温度控制在65℃——一超过这个温度，鸡肉的肌肉组织紧缩，汁液被挤出来，表现出来的就是柴和韧了。粤菜的烧鹅，来自大明朝南京宫廷名菜烧鸭，而咕噜肉的酸甜口味，分明就是淮扬菜的风格。

粤菜不仅善于向中国其他菜系学习，还向西餐学习。广式早茶里常见的各类酥皮点心，如蛋挞、天鹅酪、榴莲酥，便借鉴了西式黄油起酥的方式。喼汁、美极酱、番茄酱，都来自西餐，红烧乳鸽则是广州第一家西餐厅太平馆"中式西餐"的经典作品。

白切鸡

可见，不论是本土的粤菜还是外地的粤菜，都有两条不同的发展路线，有的在大力弘扬传统，有的在融合和创新上有大胆的突破。法餐、日餐的烹饪手法和表现形式，川味的辣、云贵的酸，同样也可能出现在一些创新的融合粤菜餐厅里。对粤菜来说，是否"正宗"束缚不了师傅们的手脚，这与岭南文化的包容一脉相承。这种包容和融合，使粤菜很容易成为味觉上的"最大公约数"。在人们交流日益广泛的今天，这种"你中有我，我中有你"的理念，自然深受欢迎。

粤菜烹饪表现食材本味，符合美食潮流

粤菜的烹饪风格以表现食材本身的味道为主，比较清淡，少盐少糖少油，接近健康的烹饪风格，符合美食的潮流和发展方向。表现食材的本味，前提是食材要足够新鲜，这一点正好是粤菜选材的基本原则；追求清淡的味道，也与食材的新鲜有关，不够新鲜的食材才需要重口味去掩盖。现代科学已经证明，高油、高糖、高盐等烹饪风格与心脏病、糖尿病、高血压和肥胖症相关。粤菜一贯清淡的风格，刚好符合健康饮食的潮流，自然很受欢迎。

扎根于南粤大地，在全国开枝散叶的粤菜，是我们美好生活的一部分，我们相信，在粤菜师傅们和其他从业者的努力下，粤菜仍然可以继续引领美食潮流，创造出属于这个时代的美食丰碑。

壹 — 岭南食话

广州酒家的蛋挞

013

风味岭南

风格各异的粤菜

经典的广式干炒牛河

不论是清初形成的"四大菜系"说,还是中华人民共和国的"八大菜系"说,粤菜都作为一个大类被"一以统之",其实这种地理概念的分类法有些简单粗暴。传统上的广东人由广府人、潮汕人、客家人组成,大家有各自的风俗习惯,居住地的物产也各不相同,烹饪手法和味型差别也很大,从而形成了风格各异的菜系,分别对应广府菜、潮州菜和客家菜。

广府菜

狭义上的粤菜指的就是广府菜,所谓广州府,指的是清朝时广州府所辖地，含当时的南海、番禺、顺德等14县，范围包括今珠江三角洲大部分地区。广府菜集南海菜、番禺菜、东莞菜、顺德菜、中山菜、五邑菜等地方风味的特色，兼京、苏、扬、杭等外省菜以及西菜之所长，融为一体，自成一家。以食材讲究新鲜生猛，烹饪讲究"镬气"，技法上中西结合，味道讲求清淡，表达食材本味，呈现方式上讲求务实不张扬为特点。在这个基础上，珠三角各地的广府菜也有不一样的表现。

南海菜和番禺菜是广府菜的主力军。清初是广府菜完整体系形成的重要时期，清末民初是广府菜的高光时刻，彼时的广州城区就分为南海县辖区和番禺县辖区（今天的佛山市南海区与广州市番禺区只是保留了名字，历史上南海、番禺比现在的管辖范围大很多）。彼时的南海商人几乎垄断了广州的茶楼，两代"茶楼王"谭新义和谭晴波创办了十余家名字带"如"字的茶楼和莲香楼，谭杰南收购了陶陶居和大同酒家，这些茶楼后来也转型成为酒楼。位于长堤的大三元、八旗二马路的南园、文昌巷的文园和惠爱西的西园，这"四大酒家"堪称是陈济棠主政广东时期本地的"最高食府"，老板都是南海人和番禺人，菜式也以南海菜和番禺菜为主，如西园的"鼎湖罗汉斋"，文园的"江南百花鸡"，大三元的"六十元大群翅"等。而闻名的"太史菜"和"谭家菜"，创始人都是当时的南海人，一个在现在的佛山市张槎街道，一个在现在的广州市白云区江高镇。那时的"南海人""番禺人"，说的就是今天的佛山人、广州人。

"食在广州,厨出凤城",有些人误以为顺德菜才是广府菜的"正宗",打个比方,建筑民工以河南省籍的为最多,但不能据此说河南省是中国建筑的发源地。以输出厨师出名的顺德,不仅仅为广府菜提供了大量的厨师,顺德风味菜也大大地丰富了广府菜,大良牛乳、双皮奶、姜撞奶、大良蹦砂、伦教糕、陈村粉,顺德人伍湛始创的伍湛记粥品,蜚声海内外。擅长烹饪淡水鱼的顺德菜,更是将广府菜的实惠进行到底,如今,以精细刁钻为精髓、精准到秒掌握火候的顺德菜深受欢迎,不到顺德吃顺德菜,很难理解广府菜的精和妙。

顺德红豆双皮奶

以嫩滑或爽脆为标准的中山菜，也是广府菜系中独特的一支，特色小食品种繁多。中山菜分为四大流派。"民田地区菜"如沙溪、大冲一带，讲究色、香、味、形俱佳，口感要求嫩滑或爽脆，代表作是"沙溪三件宝"——家乡扣肉、清嫩白切鸡、入味焖洋鸭。"沙田地区菜"如港口、民众一带，讲究实惠、醒胃，就地取材，茄瓜咸鱼煲、虾酱炒通心菜、炒田螺等都是代表作。以各种水产为主料的"小榄地区菜"，源出小榄，讲究刀功火候、香酥爽脆，代表作是炸鱼球、虾球、菊花肉等。"五桂山区菜"油重味浓，持久耐放而不易变质，酿豆腐、风味牛肉丸等都为其杰作。改革开放后，以麦广帆、欧锦和为代表的中山粤菜师傅，更是将港式粤菜带进来并发扬光大，给中山菜带来了港澳基因和风味。

　　咸香带甜的东莞菜，分丘陵、埔田、水乡、沿海片菜系等，且各有代表美食，如埔田片有大朗榄酱炒饭、水乡片有中堂鱼包、沿海片有虎门大宁蟹黄粥、山区片有樟木头东江盐焗鸡。厚街濑粉、厚街腊肠、白沙油鸭、虎门麻虾、虎门膏蟹、庾家粽子、东莞米粉、道滘裹蒸粽和肉丸粥，石龙的麦芽糖和糖柚皮，沙田的莲藕，石碣的芙蓉肉和芋杆子，高埗的洗沙鱼丸，长安的乌头鱼等，各具特色。万江、道滘、高埗、中堂、洪梅、沙田、长安、虎门、麻涌等地的水乡沿海片，以擅长烹饪河产海鲜出名；茶山、大朗、寮步、大岭山、常平、石排等地的埔田片，以自产的豆豉、豆酱做佐料，无论拌鱼肉虾蟹还是瓜菜，都十分美味；樟木头、清溪、凤岗等地的山区片，以酿出名，只要你能想得到的，都可以拿来酿。

五邑，即江门市辖的新会、台山、开平、恩平、鹤山五市（区）。五邑菜最大的特点是农家味十足，就地取材，简单朴素的风格正是其最大特色，恩平的簕菜煲鲫鱼、杜阮的凉瓜、马冈的狗仔鹅、台山的黄鳝饭，无不如此。五邑作为著名的侨乡，北美的粤菜师傅大多来自这里，这就为五邑和北美粤菜两者互通打下了基础，使得五邑菜也带有明显的"华侨菜"特色——既不缺家乡风味，又中西结合，很有特点。

潮州菜

潮州菜包括汕头、潮州、揭阳三地的地方菜，除了这三个地级市所在地，还包括潮阳、普宁、饶平、南澳、惠来及海丰、陆丰等市县所有讲潮汕话的地区的菜式在内。

潮州菜的第一个特点是以善于烹饪海鲜出名，对海鲜的烹调选料考究，制作精细，并以酱碟佐料，达到新鲜美味，清而不淡，鲜而不腥，浓郁而不腻。如鸳鸯膏蟹、明炉烧响螺、生炊龙虾、红炖鱼翅、堂灼鲍片、清炖乌耳鳗、生淋草鱼等，是潮菜海鲜类的代表名作。

潮州菜的第二个特点是粗菜精做。粗纤维的芥菜，通过长时间的炖煮，纤维断裂，加点虾干、五花肉和香菇，硬是做出美味的"厚菇大芥菜煲"。广府人称为凉瓜的苦

瓜，炖汤炒蛋炒肉焖鱼已经算丰富多彩了，潮汕人用五花肉煨几个小时，让苦瓜的生物碱慢慢释放出来，脂肪对它们进行分解，使苦味大减，甘味突显，就是一道迷人的"苦瓜腩肉煲"。一坨肉，在潮汕人的手里，加上两根铁棍，就捶打出弹牙的肉丸；粗鄙的番薯，潮汕人将它捣碎加水，萃取出粉水再晒干，就变成细腻的番薯粉，演变出蚝烙、丝瓜烙、花蛤烙，简直就是潮汕人的"分子料理"。即便是蘸料，也是一菜一碟，讲究得很。

潮州菜的第三个特点是追求口感软烂，较多汤汤水水。一桌菜，除了汤外，还会有其他带汤的菜。与广府菜相比，同样是砂锅煲菜，广府菜多为浓稠的汁，而潮州菜则是各种浓汤清汤。潮州菜极少有爽脆的菜，相反，软烂却多被赞赏，即便是蔬菜，也经过长时间的炖煮，非得弄成软烂不可，芥菜、苦瓜是如此处理，连菠菜、番薯叶、苋菜也是这样，吃的人还连连称赞："䚡（nab^4）䚡，好死！"（软烂软烂的，真好！）

客家菜

客家菜包括梅江、东江和北江流域，居民在山区分布较多，客家菜传承了中原饮食文化，客家人南迁后新的食材和习惯具有融合各地精华的独特风味。客家菜有咸、熟、香的特点，这与客家人多居山区的特点分不开。历史上的客家人耕作播种，体力消耗大，需要补充大量盐分，所以饮食以咸香为主。在没有冰箱的年代，咸的菜更能长时间保存。

客家菜又可细分为"山系"和"水系"。山系即我们惯常所说的"客家菜",分布在梅州等地的山区,山系客家菜保持了浓郁的乡土味、食材原本的鲜味,较少用味道浓郁的调味品。水系指的就是"东江菜",主要在惠州、河源一带,包括惠东、博罗等地,这些地方多属于东江流域,距离河流、大海近,食材自然选用水产品较多,讲究香浓,下油重,偏咸,以砂锅菜见长,乡土气息浓郁。客家菜善于烹饪素菜和野味,各种粗粮和动物内脏也做得出神入化,盐焗鸡、水蒸鸡、酿豆腐、红烧肉、全猪宴、全牛宴,只要吃过一次,一定念念不忘。而万绿湖野生的桂花鱼、鳗鱼和石鲋鱼仔,肉质坚滑,味道清甜,不带泥腥,简直就是大自然的恩赐。

广东人会吃,也喜欢吃,同是粤菜,但各地的粤菜又如此不同,这就是南粤大地精彩迷人的一面。

客家盐焗鸡

粤菜面临的挑战

"一枝独秀不是春,百花齐放春满园",随着经济高速发展、生活全面改善,各个菜系迎来了全面发展的新时代,近年来,江浙菜、淮扬菜、川菜异军突起,在美食江湖上的表现令人刮目相看,相比之下,粤菜在餐饮江湖里仍处于领先地位,但似乎显示出"后劲不足"的迹象。

粤菜大本营的高端餐饮已被全面超越

以国内权威的精致餐饮榜单黑珍珠为例,2022年黑珍珠餐厅指南榜单,在283家上榜餐厅中,有64家粤菜餐厅,47家江浙菜餐厅,9家川菜餐厅上榜,虽然粤菜继续大受欢迎,但是,作为粤菜大本营的广州,只有13家粤菜餐厅入选。深圳也仅有5家粤菜餐厅入选,加上汕头的4家、顺德的2家,也仅有24家,其他的都是外地的粤菜餐厅。从"走出去"看,这是一个好现象,说明粤菜走出广东一样深受欢迎,粤菜仍然是精致餐厅的主角,粤菜师傅们在外地为推广粤菜做出了贡献,值得肯定。

但从外往内看,广州的精致餐厅已经被上海、北京远远地抛在后面,甚至连成都都不如。尽管这与黑珍珠的评选规则对广州很不公平有关,但实事求是地讲,广州的精致餐饮确实也是落在人后了,这与广州消费者过于务实,不愿意为餐厅的环境和服务付费有关，也与广州餐饮企业小富即安的心理不无关系，这点应该引起业界的关注。

创新乏力

乘改革开放的春风，本地粤菜向港澳粤菜学习，率先推出"生猛海鲜"，开放式一字排开的海鲜池，让食客亲自感受食材的新鲜。但这一招在物流发达的今天，已经基本没有了优势，生猛海鲜如今已成为其他菜系精致餐饮的标配。原来粤菜擅长运用的干鲍、海参、鱼肚、鱼翅、燕窝等高端食材，也成了其他菜系的常客，连颇具粤菜特色的红烧乳鸽、卤水老鹅头、煲仔饭，其他菜系也轻易复制。老火汤、炒牛河等表现镬气的菜，因为卖不出好价钱，倒是鲜有其他菜系"抄作业"，问题是，这些菜也因同样的理由而不被本地高端粤菜餐厅待见。拿手好戏被模仿，自己的创新又不足，这是一大隐忧。

更为麻烦的是，业界对这一危机认识严重不足。粤菜曾经历过高光时刻，目前餐饮业总体上也还过得去，各个地方菜系的精致餐饮也都多少有粤菜的影子，这让大家并未感觉到"危机四伏"。相反，大家更沉醉于粤菜的高光时刻，如何保留住传统的呼声，远远大于创新的呐喊。有的地方热衷于为各种名菜，比如为蚝烙、干炒牛河制定标准。厨师做菜本质上也是一种艺术创作，每个餐厅都做出同样的蚝烙、干炒牛河，这是好事吗？这种违背厨房创作规律的操作，实质上是迷恋传统，反对创新，对粤菜的发展有百害而无一利。

传承和创新并不矛盾，粤菜的基本功必须传承，在此基础上才能做好创新，但一味固守传统，不做创新，路只会越走越窄。随着经济的发展和环境的改变，加上食材的迭代、厨房设备的现代化，现代人的味觉审美都与以前大不相同，拿以前的经来念已经不灵了。翻看清末、民国时期的菜谱，还能留下来的菜少得可怜，完全按以前的菜谱做出来的菜，多数并不好吃。躺在以前的功劳本上裹足不前，绝对不行。

粤菜目前的简单烹饪、去精致化趋势祸害无穷

与淮扬菜一样，粤菜也是追求精致化的，厨师靠精湛的技艺，不惜运用繁杂的工艺做出令人叹为观止的粤菜，比如虾饺要十二个折，肠粉要手工石磨，面要用竹竿压，冬瓜盅要用大冬瓜雕花入笼长时间蒸……现在为了节省成本，虾饺能包住不露馅就行，这意味着皮要更厚；肠粉直接用米粉勾兑，结果是淀粉的糊化不充分，"烟烟韧韧（烟韧，粤方言词，可指食物弹牙、有韧性）"的口感无影无踪。面条用机器压出来，让面条筋道的二硫键形成不够多，为了筋道，只能猛加小苏打，碱味浓得发苦；而冬瓜盅也徒有其名，用小冬瓜代替，汤煮好往里装，只需蒸十几分钟就出笼，冬瓜味尽失。

姜葱汁蟹肉

人力成本上涨的今天,如何提高效率是餐饮企业获利的关键之一,但所有提高效率的手段,不能以牺牲品质为代价,否则就有偷工减料之嫌。需要花太多时间的功夫菜淡出江湖,简单的名贵食材堆积,以"高端的食材往往只需简单烹饪"为名,掩盖了厨师技艺退化的事实,长此以往,粤菜就变成了家常菜,再过一两代,会精致烹饪的师傅将不复存在,粤菜就危险了。

"高端的食材往往只需简单烹饪",《舌尖上的中国》这句话总被有些人拿来当烹饪的《圣经》,干鲍、鱼翅、燕窝、海参算高端的食材吧?这些材料简单烹饪,比如白灼,能好吃吗?有些食材,确实只需要简单烹饪就可以表现出它的味道,但是,餐饮业中食物的烹饪,简单与精致是相对的。所谓的简单,背后是看不到的精致,比如清蒸鱼貌似简单,但火候的把握、酱油的调制、切姜葱的刀工,都十分讲究,简单蒸熟淋油加酱油,这与家庭做法无异,凭什么收几倍价钱?

风味岭南

不惜工力的太史菜虾球

我们消费者也需要为粤菜的去精致化负一些责任，现在有一种趋势，大家只肯为高价食材掏腰包，不太愿意为厨师们的精湛技艺买单。厨艺是一门艺术，我们应该学会从艺术的角度去欣赏美食，试想一幅绘画作品、一幅书法作品，谁在乎它的用纸、笔墨是否名贵？

餐饮业人才培养明显落后

粤菜的发展，离不开厨师和餐饮管理人才，但在人才培养这一方面，我们也存在明显的短板。

1982 年，当时的商业部按"东西南北中"分别布点江苏商业专科学校、四川烹饪高等专科学校、广东商学院、黑龙江商学院、武汉服务学院建设了烹饪专业（专科）。其中，江苏商业专科学校（现扬州大学）的领导高屋建瓴，组建了专业的团队，建立了"中国烹饪系"，开创了我国正规烹饪高等职业教育的先河，继而分别于 1993 年和 2001 年创办烹饪教育的本科层次（烹饪与营养教育）和研究生层次（食品科学），后与食品科学专业合并，探索加挂了食源性动物方向博士点，扬州大学成为国内外烹饪高等教育的领头羊，直接推动了淮扬菜的大发展。

广东的餐饮人才培养起点并不低，但广东商学院的烹饪专业招生三届后停办，目前仅有湛江的岭南师范学院和潮州的韩山师范学院还有本科烹饪专业。在粤菜资源最丰富的广州，2013 年广州第二师范学院曾经开办烹饪专业，但不久就停办。职业教育方面也同样不容乐观,学生文化起点不高,现代烹饪学涉及的化学、物理学、生物学、食品工程学、营养学等课程很难有效开展,只能停留于基本的技能操作层面,远远不能适应现代烹饪的需求。《粤港澳大湾区发展规划纲要》提出了湾区共建"世界美食之都"的要求,目前,粤菜餐饮业人才还是靠师父带徒弟这些传统方式,缺乏高层次的人员培养,这个目标如何实现,实在令人担忧。

这些挑战,有些是现实存在的,有些是已经有苗头的,也许有些是我过于多虑的,无论如何,希望关心粤菜发展的人们要有忧患意识,认清粤菜面对的挑战,补齐短板,奋起直追,让粤菜可以继续引领中国餐饮的潮流。

好酒好蔡餐厅内景

在国内，为什么最好吃的粤菜在广州？

在国内，最好的粤菜在广州。为什么这么说呢？

一个菜系的形成，与一个地方的食材关系密切。粤菜之所以成为粤菜，当然用的食材主要是当地食材。虽然现代物流很容易可以把食材送往世界各地，粤菜也选用部分外地食材，但是，貌似同样的食材，离开了原产地，真的不一样。

比如粤菜的主要食材生猛海鲜，不仅要"生"的，还要活得够"猛"。也许你会说在北京、上海也可以吃到生猛海鲜，因为现代物流解决了这个问题。

我们来看看现代物流是如何解决这个问题的：由于海鲜必须有足够的氧分维持生命，这对长途运输是个极大的挑战，最常用的办法是让海鲜休克，或者想办法减少它们的运动量，这样海鲜对氧气的需求量就自然减少，到了目的地，通过打氧气等手段，把海鲜"唤醒"，海鲜就可以恢复"生猛"状态。

如何让海鲜休克？办法是往水里加"麻药"！麻药里的成分是酚类化合物，该类化合物种类繁多，包括苯酚、甲酚、氨基酚、硝基酚等。我们在吃一些"生猛海鲜"时，有时会尝到令人不愉快的"汽油味"，通常以为是海鲜受汽油污染了，其实不是，这种"汽油味"是麻药的味道，因为汽油也含酚类化合物，麻药的味道与汽油的味道十分相似。常用的海鲜类麻醉剂是丁香油，也是酚类化合物，我们在补牙拔牙时常用。虽然丁香油在少量、偶尔吃到的情况下，不会危害人体健康，但我们正常情况下不需要这种物质，当然是零摄入最好。

正确的方法是在水里添加过氧碳酸钠，过氧碳酸钠无味白色无毒，遇水释放出氧气，可以有效补充海鲜运输过程所需的部分氧气。过氧碳酸钠可用于食品保鲜消毒，1%过氧碳酸钠水溶液可使水果、蔬菜贮存4～5个月不变质，在西方已大量用于食品工业，中国也已经根据联合国粮农组织的标准，制定了食品添加剂过氧碳酸钠的行业标准，以便更好地引导企业使用过氧碳酸钠，也利于食品行业的发展。

吃了"麻醉药"的海鲜有"汽油味"，如何去除？方法是让海鲜多养几天。海鲜的新陈代谢可以把"麻醉药"的残留排出体外，也就没有了"汽油味"，但是，这时的海鲜不吃东西好几天了，靠消耗自身的糖原、蛋白质、脂肪和氨基酸维持生命，而这些东西正是海鲜美味的来源，貌似"生猛"的海鲜，与原产地的海鲜已经完全不一样，当然会逊色不少。

如果说现代物流基本"解决了"食材的问题，那么酱料就是区别不同菜系的另一个密码。粤菜的酱料有与众不同之处，比如广府菜的生抽、蚝油、阳江豆豉、榄角、头菜、柱侯酱、XO酱，潮菜的普宁豆酱、沙茶酱、津冬菜、咸菜、菜脯、鱼露、橘油等，有的是别的菜系不会用的，有的是名字相同但却风味迥异的。这些酱料离开了广东，味道也发生了变化。这是因为酱料除了含有豆类、蔬菜这些肉眼

阳江豆豉

看得见的主要食材外,还有大量的肉眼看不见的微生物菌群,正是这些微生物菌群的作用,改变了植物蛋白质和酚类物质的分子结构,形成了新的风味物质,我们把这一现象叫作"发酵"。不同地方的微生物菌群是不一样的,发酵的效果也是不一样的,将广东的酱料运到外地,风味也就发生了变化。

这些变化有的很大，有的不大，厨艺高超的师傅还会通过调整烹饪手法和酱料组合去尽量接近更好的结果，但也只是"尽量"和"接近"，真的难为在外地做粤菜的师傅们了。细微的差别，一般消费者当然品尝不出来，但一个精致餐饮榜单的评委若尝不出来，只能说不够专业。这种差异，不仅适用于粤菜，也适用于其他菜系，因此，不论国际化程度有多深，一个权威的榜单，如果不是本地菜唱主角，那肯定是这个榜单的评价系统出了问题。

我也在上海、北京等地吃过不少上榜的粤菜餐厅，他们做得都非常好，也完全符合精致餐饮的标准，摘星得钻实至名归。但是，与广州的粤菜比起来，总有一些先天的不足，上述简单列举的因素就属于不可克服，要继续展开来说还有很多因素。认识不到这些问题，就不能科学、客观地评价粤菜，就会一叶障目，看不到广州粤菜餐厅的精彩之处。

当然了，广州过于理性的消费观，老广不太愿意为环境和服务买单，确实也影响了广州精致餐饮的发展，但是，广州的精致餐饮也不至于如此不堪，只有区区的13家粤菜餐厅、总共16家餐厅入榜，比不上成都，仅与杭州持平，这一定是哪个环节出了问题。

我是土生土长的广东人，护犊之心在所难免，但愿有志在精致餐饮上有所作为的广州餐厅加紧努力，迎头赶上，不负"食在广州"之美名。

文化人聊美食，总绕不开文化，仿佛离开了文化，美食就变成了口腹之欲，高级不起来，甚至肤浅得很。

这多少与中国传统文化中对美食的误解有关，始作俑者是孟子。在《孟子》的《梁惠王章句上》里，孟子与齐宣王有如下对话：

齐宣王问曰："齐桓、晋文之事可得闻乎？"

孟子对曰："仲尼之徒无道桓、文之事者，是以后世无传焉。臣未之闻也。无以，则王乎？"

曰："德何如，则可以王矣？"

曰："保民而王，莫之能御也。"

曰："若寡人者，可以保民乎哉？"

曰："可。"

曰："何由知吾可也？"

曰："臣闻之胡龁曰，王坐于堂上，有牵牛而过堂下者，王见之，曰：'牛何之？'对曰：'将以衅钟。'王曰：'舍之！吾不忍其觳觫，若无罪而就死地。'对曰：'然则废衅钟与？'曰：'何可废也？以羊易之！'不识有诸？"

曰："有之。"

曰："是心足以王矣。百姓皆以王为爱也，臣固知王之不忍也。"

王曰："然，诚有百姓者。齐国虽褊小，吾何爱一牛？即不忍其觳觫，若无罪而就死地，故以羊易之也。"

曰:"王无异于百姓之以王为爱也。以小易大,彼恶知之?王若隐其无罪而就死地,则牛羊何择焉?"王笑曰:"是诚何心哉?我非爱其财。而易之以羊也,宜乎百姓之谓我爱也。"

曰:"无伤也,是乃仁术也,见牛未见羊也。君子之于禽兽也,见其生,不忍见其死;闻其声,不忍食其肉。是以君子远庖厨也。"

战国时期,齐国齐宣王向孟子询问关于春秋年间齐桓公与晋文公争霸之事,但是孟子在回答时偏偏不谈施行高压式统治的"霸道",反而提出了治国安邦理念的"王道"。孟子从齐宣王"以羊易牛",认为齐宣王具备行"王道"的潜质,齐宣王见到可怜的牛即将要被杀死,于是命人用羊将牛换了回来,让牛免遭杀身之祸,至于羊的处境,由于齐宣王当时"见牛未见羊",眼不见为净。孟子从这件事中发现了齐宣王是怀有恻隐之心的,当一位君王能够有共情能力,他很可能会施行仁政统治,于是引出了这段话——"君子之于禽兽也,见其生,不忍见其死;闻其声,不忍食其肉。是以君子远庖厨也。"面对禽和兽等动物,君子的态度应该是见到活的,就不应该看到它死;听到它们的叫声,就不应该吃它们的肉,君子应该远离宰杀和烹饪。孟子的这套理论是典型的"眼不见为净",只要不是亲眼所见、亲耳所闻、亲手所杀,吃是可以的。

孟子是劝齐宣王行仁政,但这一句"君子远庖厨",却成为后世读书人的行为准则,如果谈起吃吃喝喝,还得带点文化，才不至于显得浅薄，毕竟"齐家治国平天下"是读书人的使命。当然也有例外，如苏东坡、袁枚也大谈美食，但大多是在人生失意之时，我想他们多少有这种心态：既然谈不了"齐治平"，那就聊聊吃喝玩。

正因如此，在浩瀚的中华文化典籍里，美食始终占不了多少位置，主要以实用类的农书、笔记的形式存在。尽管如此，架不住几千年的悠久历史，还是留存了一些与美食有关的文化典籍，大概有以下这些：

夏商周秦汉饮食：《周礼》《仪礼》《礼记》《吕氏春秋》《史记·货殖列传》《汉书·货殖列传》《四民月令》。

魏晋南北朝饮食：《食珍录》《养性延命录》《竹谱》《齐民要术》《南方草木状》。

隋唐五代饮食：《烧尾宴食单》《食经》《茶经》《备急千金要方·食治》《食谱》《食疗本草》《煎茶水记》《食医心鉴》《酉阳杂俎》《膳夫经手录》《膳夫录》《岭表录异》《北堂书钞·酒食部》《艺文类聚·食物部》。

宋代饮食：《山家清供》《清异录》《吴氏中馈录》《云林堂饮食制度集》《荔枝谱》《橘谱》《禽经》《笋谱》《本心斋蔬食谱》《茹草记事》《寿亲养老新书》《北山酒经》《玉食批》《茶录》《东溪试茶录》《品茶要录》《酒谱》《橘录》《糖霜谱》《宣和北苑贡茶录》《北苑别录》《蟹谱》《菌谱》《东京梦华录》《都城纪胜》《武林旧事》《南宋市肆记》《梦梁录》《西湖老人繁胜录》《太平御览·饮食部》《岭外代答》。

元代饮食：《易牙遗意》《饮食须知》《饮膳正要》《圊史》《蔬食谱》《农书》《日用本草》《农桑衣食撮要》《云林堂饮食制度集》《居家必用事类全集》《馔史》。

明代饮食：《多能鄙事》《酒史》《食物本草》《天厨聚珍妙馔集》《神隐志》《救荒本草》《便民图纂》《野菜谱》《宋氏养生部》《云林遗事·饮食》《食品集》《广菌谱》《本草纲目》《墨娥小录·饮膳集珍》《茹草编》《家必备》《遵生八笺·饮馔服食笺》《野蔌品》《海味索隐》《闽中海错疏》《野菜笺》《食鉴本草》《山堂肆考》《野菜博录》《上医本草》《觞政》《农政全书》《养余月令·烹制》。

清代饮食：《随园食单》《养小录》《食宪鸿秘》《调鼎集》《闲情偶寄》《调疾饮食辩》《食物本草会纂》《江南鱼鲜品》《簋贰约》《日用俗字·饮食章》《日用俗字·菜蔬章》《饭有十二合说》《常饮馔录》《续茶经》《养生随笔》《吴蕈谱》《记海错》《海错图》《证俗文》《醢略》《扬州画舫录》《清嘉录》《桐桥倚棹录》《随息居饮食谱》《履园从话·艺能·治庖》《湖雅》《食品佳味备览》《中馈录》《闽小记》《清稗类钞》《渊鉴类函·食物部》《渊鉴类函·菜蔬部》《渊鉴类函·果部》《古今图书集成·食货典》《格致镜原·饮食类》《成都通览·饮食》《广东新语》。

此外，在《诗经》、屈原的《离骚》、唐诗宋词、苏东坡的书信中，也有涉及食材和美食。到了近代，资料则丰富得多，连报刊、广告、食谱都有了，研究起来也方便多了。

谈美食,还真不需要有标准,对美食的感知本身就是一种很主观的认知,每个人都可以有自己独特的判断。但是,真想研究美食史或聊点美食文化的,还是必须有严谨的治学精神,可以"大胆假设",但必须"小心求证",在上述著作中找答案,比什么民间传说、故事要靠谱得多。

江太史的美食人生

我的老乡李怀宇，以擅长对海内外杰出华人文化大家的访谈蜚声于外，对这些文化大家的采访和记录，就如对文物的抢救性挖掘和考古，把他们的经历、思想记录下来，也就记录了那个时代。怀宇兄访谈类的人物传记著作颇丰，其中的这本《诗酒江湖：江孔殷的美食人生》却非访谈类人物传记，而是他在各种史料里刨出来的一个人物：粤菜史上一个重要代表——江太史江孔殷。

别看粤菜现在名声响得很，但这段"威水史"其实不过一百余年，江孔殷就是这段"威水史"里很"威"的人物，他开创了粤菜精致化的时代，其中包含的各种讲究和创新，在那个时代令人叹为观止。

关于江孔殷，各种传说多语焉不详，现有的资料，主要出自江孔殷的儿子南海十三郎和孙女江献珠的零星记忆，不要说系统，连一个基本的架子都搭不起来。怀宇兄一头扎进江孔殷晚年自印的五卷《兰斋诗词存》，并从江孔殷同年进士谭延闿的日记和江孔殷女婿汪希文的回忆录里，找出江孔殷的有关资料，一个相对完整的江孔殷的形象就出现在我们面前。

江孔殷于1865年11月9日在上海出生，于1952年3月4日卒于祖居南海罂边村，按照传统虚岁算法，他活了88岁。他的父亲江清泉在上海经营茶庄，有"江百万"之称，但江孔殷7岁时父亲去世，

江太史江孔殷

孤儿寡母被职业经理人欺负,上海家业钱财尽落他人之手。幸好在南海塱边还有良田二三百亩,于是举家南迁,虽说不上大富大贵,但也算是殷实,生活无忧是肯定的。

江孔殷的一生,横跨晚清、民国和新中国,这是一个变革的年代,选择什么道路,就选择了什么样的人生,江孔殷选择做个"醒目仔"——摇摆于新旧两派之间,粤语俗话说"公死有得食,婆死有得食"。这种现实主义哲学,短期内两边都不得罪,可以明哲保身,长远看却也两边都不讨好,这是他个人的悲剧,也是他的个性造成的,这其中有传统守旧的一面,也有叛逆反传统的一面。

1893年,29岁的江孔殷参加乡试中举。这个年龄的人是比较成熟的,但江孔殷却干了一件十分离经叛道的事:

找人替考，他这是对自己中举没有信心。同时，他自己又当枪手，为别人代考，他这是心有不甘。结果是，他自己中举了，他替别人考取的成绩也不错，那个替他考试的人也考中了。请人代考这事万一被发现，那可是会毁了一辈子的，这种险他敢冒！帮别人代考被发现，也会一辈子取消考试资格，他这是冒双重风险。

中举后的江孔殷进京参加会试，屡试不中，却认识了同乡的康有为和梁启超，他参加了康有为发起的公车上书，认康有为为老师，支持维新变法，此时的江孔殷是一名热血青年，这是他反叛传统的一面。

1904年，江孔殷参加中国历史上最后一场科举，会试第二十六名，殿试二甲第二十七名，被钦点翰林院庶吉士，翰林院出来的官员多被任命为编修、编撰，参与史书编撰工作，广东人因此把翰林庶吉士称为太史，这就是江太史的由来。

最后的翰林，并没有如往常般完成翰林院的学习，而是被派往日本留学学习法律和政治。此时的日本，孙中山的革命党人和康有为的保皇党人都汇集于此，江孔殷又显示出他保守的一面：他靠近康有为，成为保皇党的一员，在学校拒绝穿校服，而是穿官服拖长辫，被日本学生赶出学校后他干脆退学。

海外华侨是革命党人的经济后盾，大清为了掐断这一经济命脉，也派官员到海外游说华侨，江孔殷就是游说官员中的一员，这时的江孔殷走在了革命的反面。但是，江孔殷又给自己留了一个后手,他与革命党人多有交往。回国后,江孔殷任两广清乡督办,"清乡剿匪"是他的职责,但他也看到了革命的苗头,于是两头下注,私底下与革命党人多有交往。黄花岗起义,江孔殷作壁上观,起义失败后,未暴露身份的革命党人潘达微出面埋葬七十二烈士,江孔殷暗中协助,以两广清乡督办名义向各善堂董事打招呼,这一义举革命党人念念不忘,也是江孔殷人生中最值得大书特书的一段经历。

两头下注、明哲保身是江孔殷的生存哲学。清王朝摇摇欲坠时,江孔殷劝当时的两广总督张鸣岐宣告广东独立,并欢迎革命党人,这时的江孔殷是个识时务者。改朝换代,此时的广东总督胡汉民是江孔殷在日本留学的同学,但一个是保皇党人,一个是革命党人,尽管江孔殷两头下注,新政府里也不会有江孔殷的位置。而袁世凯复辟帝制,他的智囊梁士诒就与江孔殷勾勾搭搭,江孔殷种种首鼠两端的行为革命党人不可能不知道,于是,尽管国民党里的要员廖仲恺、谭延闿、蒋介石、胡汉民、孙科与江孔殷私交不错,但江孔殷却未能在国民政府里谋得一官半职。

江孔殷两边下注,因而人缘极好,这在政治上不可能有好结果,但在商场上却可能有收获。50岁时的江孔殷迎来他人生的高光时刻,南洋兄弟烟草公司请来广告奇才潘达微以国货的名义做宣传,一度让英美烟草公司无还手之力,江孔殷此时因拥有广泛的人脉关系,被聘为英美烟草公司广州总代办,年收入五六十万。这段时间大约从1915

年至1926年,长达十年,这是江孔殷人生最得意快乐的时光。潘达微与江孔殷这对早年一同合作冒险埋葬黄花岗七十二烈士的朋友各为其主,在商场上各出损招,原因嘛,江孔殷说白了:"同是肉身须唪饭,不容旁视虎磨牙。"这是一首粤味十足的诗,"唪饭"就是吃饭,粤语现在还用这个词。

这个时候的江孔殷,"唪饭"可不是吃饭那么简单,持续十年的太史家宴,就是各种讲究。怀宇兄根据南海十三郎和江献珠、汪希文、谭延闿的文字记载,再加上目前还在做的太史宴,大概可以勾勒出太史家宴的菜,计有:太史蛇羹、蛇火锅、红烧熊掌、清炖象拔蚌、百花鸡、太史豆腐、山斑豆腐、蟹黄豆苗、蟹粉竹荪、夜香虾丁、太史田鸡、菊花鲈鱼羹、杏汁炖白肺、红炆文庆鲤、太史及第粥、蒸鲍鱼、红烧鱼翅、炒桂花翅、白汁燕窝、烧猪、核桃羹、玫瑰糖蒸火腿、蜜渍火腿、鲜瑶柱蒸火方、红炆花锦鳝、鸽蛋木耳燕窝、太史戈渣、礼云子、虾子炆柚皮、荔枝菌、山翠、榄仁肚尖、子姜鸡、生炒糯米饭、陈皮莲子红豆沙。其中的"山翠"是什么,不得而知,我通过庄嘉辉师傅请教了黎有甜师傅,他也没听说过,疑为"山瑞",鳖的一种。

太史家宴辉煌的十年,共有三位厨师与江孔殷一起研发出了太史菜,这三位厨师分别是卢端、李子华、李才,他们之间既有同事关系,也有师承关系。据谭延闿日记:"庖人阿端即江虾旧厨,今归南洋烟草公司,宜英美之

太史蟹腿

大史豆腐

不振矣。蛇与江无异，继以炒翅。简云今江厨阿华乃阿端之弟子云。"卢端先被江孔殷的竞争对手南洋烟草公司挖走，后来又去了简琴石家。同样是做拿手菜蛇羹，换了东主的卢端做出来的蛇羹"视江庖有大小巫之分，菊花既无，乃代以白菜"，可见江孔殷才是太史家宴的核心，离开了江孔殷，太史菜就大为逊色。

江孔殷精于饮食，除了自己确实喜欢吃之外，更主要的目的是以美食交朋友，构建和维护自己的关系网。从谭延闿的日记可以看出，江孔殷的座上客非富即贵，英美烟草公司的高管也常出现在江家餐桌。江孔殷从商并没有什么过人之处，靠社会关系长袖善舞，但在民族实业思潮盛行的那个时代，民族品牌南洋兄弟烟草公司在竞争中胜出，也不足为奇了。再说，在广告奇才潘达微面前，江孔殷的这些社会关系并没有太多优势，须知潘达微才是正牌的"老革命"，他与权贵们的关系是"革命同志"，江孔殷与他们只是酒肉朋友。即便是最好的朋友谭延闿，在江孔殷失去英美烟草公司广州总代办职位，经济上陷入困境，要到上海卖玉维持生计时，也袖手旁观，只是在日记里说："得江霞公书，穷矣，将求人矣，吾亦当时食客也，甚愧对之。"

江孔殷还真不是一位善于经营之人，他在经济条件不错时，虽然在萝岗买下了一个大农庄，但一家老少就没一个人对庄稼有兴趣，他本人吃喝嫖赌样样精通，农庄的那点收入自然满足不了家庭庞大的开销，太史家宴也终告落幕。随着日军占领广州，江孔殷到香港避难，照顾他的日常饮食的也只有非专业的佣人潘全和六婆,他最后吃素,我倒愿意相信这是一位曾经穷奢极侈之人为了维护最后的尊严:不是我吃不起,而是我现在吃素了!广州解放后,老家那曾经养活少年江孔殷的二三百亩地要了他的命。家乡人并没有放过1937年浴佛日在六榕寺摔断了腿留下残疾的老地主江孔殷,他们到广州用箩筐把江孔殷抬回罗边村批斗,江孔殷不堪其辱,绝食而死。

相比于协助埋葬黄花岗七十二烈士这一壮举,让江孔殷名留青史,世人更津津乐道的是他对美食的贡献。太史菜是精致粤菜的标志,是粤菜清末民国初高光时刻的重要里程碑,对粤菜的发展产生了重要影响,时至今日,太史菜还在美食江湖活跃着。

美食江湖里的太史菜有几个分支。江孔殷最后的厨师李才离开江家后一度在广州俱乐部工作,后来广州沦陷,他便逃难到香港,又作为伪港督矶谷廉介的私厨。香港光复后,李才曾在西环工作,20世纪60年代在何添的推荐下,李才担任了恒生博爱堂的饮食顾问。李才将太史菜传给了李煜霖和黎有甜,黎有甜的弟子庄嘉辉师傅等几人现在在澳门上葡京酒店御花园供职,想吃太史菜可以找他们。

李才师傅的堂侄李成,就是香港美食江湖的"崩牙成",十几岁便跟着李才学厨,经过多年磨炼,袭得真传,李成从未公开经营过餐厅食肆,他开的是私房菜,只做熟客生意,每日只开一席,偶尔休息,生客只能通过有预约权的熟客才可以吃得到,时间一久,"崩牙成"就成了一段江湖传说。

李成本人仙逝多年，现在掌厨的是他的儿子根哥，其经营的私房菜位于上环的一栋普通居民楼里，据说厨艺相当了得，就是环境差了些。

江孔殷的老家佛山塱边也有太史菜，由江孔殷的族曾孙、张槎名厨江欣灿主理。据说江欣灿师傅的太史菜来自江伦坤，江伦坤又师承江太史另一位家厨李子华的徒弟李树添。2012年，江欣灿征得江太史曾孙江国培的授权，在张槎开起一家私房菜馆，专门用于研究厨艺以及推广江太史菜，菜馆只设一桌，想品尝的食客得提前两三天预订。

江孔殷的后人里，研究美食的只有孙女江献珠，江孔殷的黄金时期，她还不够十岁，对太史菜只有零星记忆。晚年的江献珠倒是热爱厨艺，还拜香港美食家陈梦因（笔名"特级校对"）为师，既研究美食，也在美国出版了英文食谱书《汉馔》及数十本饮食专著，影响巨大，不过与太史菜已经没有太大关系。

怀宇兄写江孔殷，摆资料，少议论，他是想用史料说话，毕竟每个人对这些史料会有不一样的解读，江孔殷是何许人也，他把这个结论给到各位读者。是的，每个历史人物都有其局限性，人无完人，但我们又往往把历史人物往高大上或丑恶无比两个极端去归类。

江孔殷的人生固然有很多败笔，但一个人活成自己，对粤菜发展贡献良多，这还不够吗？

风味岭南

被误解的不时不食

一说到美食,常会提到"不时不食",一些餐厅推出应季食谱,也以"不时不食"作为依据,且无不强调来自孔子,"讲的是日常饮食要应时令、按季节,到什么时令吃什么食物"。但是,很遗憾,孔子说的"不时,不食",并不是这个意思。

这句话出自《论语·乡党》,原文如此:

食不厌精,脍不厌细。食饐而餲,鱼馁而肉败,不食。色恶,不食。臭恶,不食。失饪,不食。不时,不食。割不正,不食。不得其酱,不食。肉虽多,不使胜食气。惟酒无量,不及乱。沽酒市脯不食。不撤姜食,不多食。

目前国内对《论语》比较权威且被认可的解释,来自著名的语言学家杨伯峻先生。杨伯峻先生的《论语译注》对这段话翻译如下:

粮食不嫌舂得精,鱼和肉不嫌切得细。粮食霉烂发臭,鱼和肉腐烂,都不吃。食物颜色难看,不吃。气味难闻,不吃。烹调不当,不吃。不到该当吃食的时候,不吃。不是按一定方法砍割的肉,不吃。没有一定调味的酱醋,不吃。席上肉虽然多,吃它不超过主食。只有酒不限量,却不至于醉。买来的酒和肉干不吃。吃完了,姜不撤除,但吃得不多。

"不到该当吃食的时候",似乎也可理解为"时令、季节",但杨先生在注释里特别强调,《吕氏春秋·尽数篇》:

"食能以时,身必无灾",强调了按时吃饭,按饭点吃饭。杨先生还对将"不时"理解为"不是当令时食"进行了驳斥,理由是孔子那个时代,还不一定有温室种菜技术,"即有,孔子也未必能享受"。

再来看看北京大学中文系李零教授的《丧家狗——我读〈论语〉》如何解释:

不时,指不按正常饭点吃饭。有人把"不时"解释为不吃当令的粮食、蔬菜和酒肉,不对。那样的话,孔子的嘴也太刁了。

看来,是我们想多了,不仅错误地理解了"不时不食",连"食不厌精"也理解错,"食"不是指食物,而是指粮食。"割不正,不食"也不是说肉切得不方正,而是指宰杀、分解牲肉的方法不对。整段话,不是刁嘴讲吃,有钱人瞎讲究,而是圣人讲吃吃喝喝的礼仪和规矩。

得出这个结论,不仅因为杨伯峻和李零是研究《论语》的权威,更重要的是,他们用两个方法指出了孔子不可能这么刁嘴:

一是目前没有证据显示,孔子生活的年代有温室种植技术，那时候很难吃到不是当季的食物。从我国蔬菜发展史看，孔子生活的春秋时期，正是从奴隶制向封建制转型的时期，包括周王朝的井田制等一系列制度分崩离析，所以孔子要恢复"礼"。井田制是大家各耕一块地，又共同耕一块公田，耕种的作物只能是粮食，不可能是蔬菜。吃蔬菜，只能是采野菜，这种场面，在孔子编的《诗经》中常见得很。那有没有可能自己弄块自留地呢？对不起，"普天之下，莫非王土"！

据杨伯峻先生考证，中国有温室种植技术，最早也是汉朝。在《汉书·循吏·召信臣传》和桓宽《盐铁论·散不足篇》里提到"不时之物"，就是反季节蔬菜，但在汉朝，也只有太官园和其他少数园圃才能供奉，特供给皇上和极为富贵之家。孔子即便活到汉朝，以他的身份和级别，想吃这类特供的"不时之物"，没门！

二是孔子一生并不富裕，困顿几乎伴随着他一生。"安贫乐道"是他所提倡的生活方式，所以他不可能是一个刁嘴之人。据《史记·孔子世家》，虽然孔子祖上是宋国贵族、鲁国武士，但到了他这一辈，已经是鲁国布衣。孔子的一生，很不得志，李零教授梳理了一下，大概是：小时候就是一个苦孩子，司马迁说他"贫且贱"；青年时代，孔子简直就是一个"民工"，工作是看仓库、喂牲口；到了30岁，孔子有了点名气，齐景公和晏婴到鲁国访问，就曾问礼于孔子，孔子说他"三十而立"，估计指的是这件事；到了35岁，孔子去齐国，找他的"粉丝"齐景公要工作，但晏婴搞破坏，工作没找到；36岁到50岁，孔子就在鲁国当教书匠，教书育人做学问，修诗书礼乐，这个时候的孔子给自己的评价是"四十不惑"，没犯糊涂；孔子的辉煌时期是在51～54岁时，当上官了，做过中都宰（相当于市长）、少司空（相当于建设部副部长）、大司寇（相当于中央政法委书记），孔子给自己的评价是"知天命"，该干点大事了，可惜只辉煌了三年，就不受鲁定公待见，与其被人炒鱿鱼，不如主动辞职更体面；55～68岁，孔子周游列国找工作，到过宋、卫、曹、郑、陈、蔡六国，其实就是在山东和河南境内转悠，到处碰壁。工作没找到，只能回鲁国，什么难听话也听惯了，所以说"六十而耳顺"；孔子在68岁时回到鲁国，修《春秋》，直到73岁去世，孔子说"七十而从心所欲，不逾矩"，活到这个岁数，不用思前顾后，但也不能乱来。

孔子一生困顿，即便当官的那三年，也是一个廉洁的好干部，讲吃吃喝喝那一套，他看不上，他的主张是"安贫乐道"。在《论语·雍也》中，孔子这样称赞他的得意门生颜回："贤哉，回也！一箪食，一瓢饮，在陋巷。人不堪其忧，回也不改其乐。"意思是："颜回多么有修养啊！一竹筐饭，一瓢水，住在小巷子里，别人都受不了那穷苦的忧愁，颜回却不改变他自有的快乐。"孔子对颜回赞不绝口，虽然说的不是他自己，但体现的也是他的价值观。颜回比孔子更穷，孔子多少还收点"学费"，尽管是实物。但比穷，师徒两人其实是半斤八两：颜回去世时，家里穷得买不起棺材,颜回的父亲向孔子求助,孔子也无能为力,颜回的父亲说:"你不是还有一辆车吗?卖了它给颜回买棺材吧!"孔子没有答应,估计这是他最重要的固定资产。

那么,《论语·乡党》这段讲究饮食规矩的记述,"<u>色恶,不食。臭恶,不食。失饪,不食……不得其酱,不食……沽酒市脯不食</u>",又是怎么一回事呢?这些都不是嘴刁的讲究,食物颜色不对,气味难闻,都是不新鲜的表现,当然不能吃。东西煮不熟,也不能吃。没有合适的酱料,这是浪费得之不易的肉食,因此不吃,等到有酱料了再吃不迟。至于在市场上买的酒肉,孔子认为不卫生、不新鲜,所以也"不食"。这些都是最基本的要求,谈不上奢侈,孔子没条件奢侈,也反对奢侈。看来,孔子不是美食家。

"不时,不食",强调的是没到饭点不吃,为什么呢?孔子的时代,是饥饿的年代,大家一天只吃两顿饭,上午8～10点这一顿叫"朝食"或"蚤食",下午4～6点这顿叫"暮食"或"晏食"。食物不够,所以要立规矩,不到饭点不能吃东西,否则一天吃到晚,哪有那么多东西吃?用"礼"来规范大家吃饭,不到饭点不能吃饭,这个社会才不会出乱子。至于到了饭点没东西吃怎么办?孔子没说,因为他也曾经饿肚子,毫无办法。

当然了,我们现在生活的物质条件比孔子当年好了太多,有条件去追求更美味、更有营养的食物。当季食物风味确实更佳,问题是,可以做到只吃当季食材的人,是极少数。过分强调吃当季食物的"不时不食",于社会稳定不利。

壹 — 岭南食话

老广宵夜

普通老百姓的一日三餐，大概在宋代才形成，之前的人，早上吃一顿，下午三四点吃一顿，一天就这么对付过去。宋代，农业技术大幅提高，粮食多了，大家加了一顿，终于形成了"一日三餐"。近代8小时工作制的出现，形成了现在的"一日三餐"就餐时间。

对于解决了温饱问题的人来说，多吃一顿就是一种幸福的追求，于是有了三餐之外的另一餐——宵夜。宵夜一词，最早出现在吴自枚描写南宋都城生活的《梦粱录》卷六，里面有："除夕，内司意思局进呈消夜果子盒，盒内簇诸般细果、时果、蜜饯、糖饯等品。"这里的"消夜"，就是宵夜，皇宫里的宵夜，吃的是新鲜水果和蜜饯，还算清淡。

现代人普遍认识的宵夜，总与老广联系在一起，连《辞源》"宵夜"这一条的注释都说："粤人夜市之食肆亦谓宵夜。"这是一个错误的解释，"夜市之食肆"是吃宵夜的地方，估计那时的编辑还没吃过宵夜，但也说明现代人的宵夜兴起于老广。

改革开放初期，"食在广州"的记忆，也多与宵夜联系在一起，长堤大马路的胜记、信记、梁锦记、区仔记，人山人海，各种生猛海鲜、山珍野味，琳琅满目。"胜记多港客，信记多古惑"，说的是香港客人多选择在胜记吃饭，而黑社会人物则多选择信记。大沙头的海港城，散落在城中各地的大排档，人声鼎沸，香飘满城。

刚刚从吃不饱的年代阔起来的人们，吃的欲望之强烈，可以理解，这就带动了二十世纪八九十年代的宵夜潮。现在大家普遍营养过剩，意识到吃太多对身体反而不好，宵夜热倒是冷了下来。但是，这个规律，不适合喜欢夜生活晚睡觉的年轻人。

是的，晚睡确实就想吃东西。这不是贪吃，而是人的身体向你发出"我想吃东西"的信号。

我们的体力由进食和睡眠两方面来补充，睡眠不足时，体力处在严重缺乏的状态，身体就会通过内分泌系统发出求救信号：我要吃东西！科学家发现，这种反应是通过增加身体里的饥饿素（ghrelin），同时降低瘦素（leptin），调控这两个主管我们食欲的激素来实现的。当饥饿素增加了，我们的食欲就会增加，相反，当瘦素增加了，不仅仅我们的食欲会减少，我们身体的热量还会消耗得更多。我们晚睡时，不仅会让我们有相对更多的清醒时间来吃东西，还会使饥饿素增加，刺激大脑中的食欲系统，让我们想吃东西。

饿了就想吃，不吃还睡不着，而且还必须吃烧烤、麻辣火锅等高热量重口味的食物，水果、粥水等低热量清淡型食物还不太受欢迎。因为我们睡不着的时候，身体里会产生2-arachidonoylglycerol，这是一种内源性大麻素，它与大麻中的大麻醇相似，是一种人体自然分泌的、可以带来快感的物质，使晚睡的人对高糖高盐高脂肪食物产生渴望。同时，内源性大麻素还会刺激大脑中的奖赏中心，让这些参与者边吃边产生更多的愉悦感和满足感，所以，吃夜宵总是感觉比吃

正餐更加美味，人一旦吃上几次夜宵，是会上瘾的。

这个规律，也影响了广州的宵夜市场的走向，那就是：无辣不欢，无烧烤不欢，宵夜无娱乐不欢。城中最佳川菜品牌新渝城，正是宵夜胜地，不停翻滚的红汤火锅，分明写着"热闹"两字，就算有人一开始宣称不吃辣，来了个鸳鸯火锅，也会忍不住把筷子指向红色的那一边，最终把白色那一边也染红；宵夜胜地珠江新城兴盛路，即使楼上住户投诉不断，也阻止不了夜半饿肚子的年轻人的步伐，烤串、火锅、牛蛙，无一不是重口味、重热量、多脂肪；人均消费动辄过千的日式烧烤店千鸟和三索，一过晚上10点竟然放起了蹦迪音乐……

老广的宵夜，消费群从有钱人变成年轻人，从吃饱变成吃嗨，从追镬气变成要麻辣，反映的是人的需求和时代的变迁。但在潮汕大地，这股重口味之风却攻陷不了这帮固守传统口味偏好的潮汕人。他们的宵夜，还是潮汕味道，以清淡的海鲜为主，来碟卤水已经是重口味，而主角，永远离不开一碗潮州粥。潮汕人将宵夜称为"食夜糜"，"糜"就是粥。《礼记·月令》就有："是月也，养衰老，授几杖，行糜粥饮食。"魏晋时的《释名》在其《释饮食》篇中说："糜，煮米使糜烂也。"将米煮烂，就是"糜"，潮汕人保留了这一古汉字，而其他地方"糜"字意指糜烂，比如"奢靡之风""靡靡之音"，是引申义。潮汕人的"夜糜"，有"白糜"和"香糜"，"白糜"就是白粥，"香糜"就是各种经过调味的粥，加入什么食材就叫什么糜，加入鸭肉叫"鸭糜"，加入猪肉叫"猪肉糜"，

鱼饭

下了鱼肉叫"鱼糜",下了螃蟹叫"蟹糜",下了小牡蛎叫"蚝糜",至于名震广州、深圳,加入多种海鲜的"潮汕砂锅糜",潮汕人表示"瓦们不认识"。

中国港澳地区将潮式宵夜称为"打呤"。据潮汕话研究专家林伦伦教授考证,"打呤"就是"打人",是中国港澳地区、东南亚国家的潮汕人吃夜宵、食糜的意思。过去香港的洪帮里潮汕人和福建人很多,黑帮兄弟们晚上经常要出去打打杀杀,早打完就回来再吃夜粥;晚一些出场的就吃完夜粥再去。也就是说,有出去"打呤"就有粥吃,"打呤"就变成了"吃粥""吃夜宵"了。这个叫法一开始只在洪帮兄弟中流行,是帮会的秘语，但慢慢地就在香港的老百姓，尤其是喜欢吃潮式夜粥的人群中流传开了。

与其他城市一样，更多的宵夜大军，却是隐藏在黑夜之中，他们宅在家里，拿起手机，在外卖软件中搜索、选择，等待门铃的响起，独乐乐，不管别人乐不乐。

夜宵好吃，可不要贪吃，俗话说"人无横财不富"，这不一定正确，但"马无夜草不肥"却是真理，马如此，人亦然。

变化中的早茶文化

早茶是"食在广州"的一部分。广州人将喝早茶叫作"叹早茶",粤语里的"叹",有慢慢享受的意思,但是,在日益讲效率、快节奏的今天,这种慢慢享受的生活节奏正起着变化。年轻人一早要上班,周末夜生活丰富,又想补觉,喝早茶对他们来讲没有吸引力。退休老人倒是有时间,但这个群体消费能力有限。酒楼开早茶,租金倒不用增加,但人员非增加不可,那点收入不够弥补增加的支出。于是,开早茶的酒家越来越少,即便为了满足老顾客,也是能迟开门则迟开门。广州酒家算是有情怀,开得早一些,一些餐厅十一点才迎客,那已经不叫早茶,算是午市。据说老城区的一些店也会早点开,但不会早于七点,从前那种天没亮就开门迎客的光景,算是彻底消失了。时代的变化,使人们的生活节奏也起了变化,早茶开业时间的这种改变,只是顺势而为,没有什么值得长吁短叹,什么"今不如昔"的。

变化的不仅仅是茶楼的多寡和开门时间,也包括了食物。广州话将喝早茶概括为"一盅两件",说的是大清咸丰、同治年间刚有"饮茶"时的一厘馆、二厘馆,每人只需一二厘钱,就可享用简单的一顿早茶。"一盅"指的就是以石湾产的大耳粗嘴绿釉鹌鹑壶,配一个瓦茶盅,壶多放些杂茶粗茶,茶味涩而没有香

气，而"两件"指的是两种自选点心。才一厘钱，当然不可能有什么肉，大件松糕、芋头糕、芽菜粉、大包等货廉价美的茶点才是主角，做好后摆上台，由客人自己选取两样。早茶，从一开始就是服务于普罗大众的。

经济的发展，也让早茶的食品不断丰富升级，从一厘馆、二厘馆、茶居到茶楼，变化的不仅仅是环境，还有茶和点心的不断升级，杂茶粗茶变为多种茶叶可供选择，红茶、普洱、铁观音、寿眉、菊花、菊普是主流，现在是根据茶叶不同，明码标价。有的客人还嫌酒楼茶叶不好，自带茶叶，酒楼则按最低价的那款茶来收费。从前酒楼供应开水，需要续水时，只需将壶盖放在壶口和壶把儿之间，服务生看见，便会自觉拿来热水斟满。现在升级了，每桌配一套精致的茶具和炉具，自己烧水冲茶，水温自己控制，方便。而茶点，多种多样之余，也由自取变成推车供客人选择，到现在是即点即做即蒸。时代在进步，今天的早茶，比以前更好。

点心中的"四大天王"

二十世纪二三十年代，是广式点心发展的繁盛时期，产生了号称点心界"四大天王"的郭东凌、李应、区标、余大苏等点心大师。陆羽居茶楼的点心师傅郭兴首创"星期美点"，将一月更换一次菜点品种的期限缩短为一周，点心师傅们彼此斗技，推陈出新，在色彩、花式、形状、口味、时令上花足心思，造就了丰富多彩的广式点心。

广式点心发展至今,品种已经过千。客人当然是希望品种越多越好,而商家从备料和规模效应考虑,则会尽量集中精选。顾客必点则酒楼必备就是最大的共识,这当中就有广式点心的"四大天王":虾饺、叉烧包、烧卖和蛋挞。

虾饺通透中显现出虾肉的浅红色,12道漂亮的褶子,如同建筑里的钢架结构,拱出一道漂亮的弧形,虾饺因此坚挺饱满,皮是软滑带爽,馅儿是爽中有鲜。做虾饺皮的面用的是澄面,将面粉用水漂洗过后,把面粉里的粉筋与其他物质分离出来,粉筋成面筋,剩下的就是澄面。馅料的主角是鲜虾仁,配上肥头(肥猪肉丁)、鲜竹笋尖、猪油后调味,味道好极了。

一笼三个"高身雀笼形,大肚收笃,爆口而仅微微露馅"的叉烧包,肥瘦适中的叉烧和叉烧酱混合作馅,包皮蒸熟后软滑刚好,稍微裂开露出叉烧馅料,散发出阵阵叉烧的香味。广式叉烧包的难点在于发面,既要松软,又不能粘牙,这是一对矛盾。发面时用面种或者加酵母,目的是产生气体,这就是松软。面团里的二硫键负责发挥粘连作用,但太多的气体或者搓揉不够,面团里的二硫键被破坏,互相勾搭不上,就容易粘牙。这种松软而不粘牙的边界的拿捏,有经验的师傅通过二次发酵控制发酵程度来实现,粤语"实食冇黐牙",既指做事有把握、办事干净利落,也是制作优秀叉烧包的标准。

北方的烧卖,来到了广州,变成了干蒸烧卖。中国有多大,就有多少种烧卖,羊肉的、猪肉的、牛肉的、糯米的、

各种广式点心

豆腐的，但来到了广州，它就是广州特色的，连名字也变成了谐音"烧卖"。广州酒家的干蒸烧卖，猪肉肥瘦分切成丁，加上香菇调制入味，爽滑有嚼劲，这是摔打起胶工夫做足了，点缀在上面的虾子和干贝丝不仅增鲜，而且增色，烧卖皮厚薄适中，包得住、撑得起，典雅的莲花边，说明了他们的认真和用心。广式点心的用皮十分考究，圆柱形的干蒸烧卖，全靠一张面皮支撑，所以做干蒸烧卖的皮是比较硬的，不能和得太软，太软的面团蒸出来会塌下来。揉面团也有讲究，要有耐性，慢慢地揉光滑，让面团形成抱团的二硫键。揉好的面团比做饺子、包子的面团硬很多，最好是擀一个皮做一个，如果全部擀完，很容易干掉，变得更硬，这样就不好包了。

蛋挞是粤菜向西餐学习而做成的点心，广州酒家的桶状牛油蛋挞，承受压力更大，技术要求更高。近代以来，广州作为中西文化交融的窗口，茶楼也接受了西方传进来的点心，比如蛋挞、面包、蛋糕、曲奇等，这反映了岭南文化的一个特质——能够放弃成见，吸收外来的文化，兼容并包。

我的个人偏好

我最喜欢的早点是豉汁凤爪。将鸡脚焯水，然后油炸，再泡在水中，形成起皱的虎皮，使鸡脚的空隙增大，加上豉汁，吸足酱汁的鸡脚再上笼蒸，这样做出来的豉汁凤爪，红香酥软，一吮即脱骨，入味三分，连啃骨头也是莫大的乐趣。这个菜的关键在于做出起皱的虎皮：鸡爪的结构主要是鸡皮—鸡筋鸡肉—鸡骨，鸡皮薄而松软，主要成分是胶原蛋白；鸡筋和鸡肉强韧厚实，纤维状结构，有一定的收缩性。通过油炸，一方面，鸡皮中的胶原蛋白在油炸过程中受热变性，变得松软失去弹性；另一方面，鸡爪油炸脱水，皮肉之间的脂肪层被破坏，形成空隙，外皮皱起。油炸后冷泡，则产生了温差，薄软的鸡皮因为油炸时变性较为彻底，冷泡后不会产生明显变化，而强韧的鸡肉在受冷后，会有一定程度的收缩，最终在"热胀冷缩"的推动下，皮肉间空隙进一步扩大，于是最终外皮明显起皱。皮肉空隙增加、外皮起皱使得外部接触面积增加，这才便于吸收酱汁，简直是鬼斧神工，喝早茶不点这个，说不过去。

生活节奏太快，生活压力太大，以淡定著称的老广上茶楼喝茶也少了一些，毕竟这是一种休闲的生活方式，但是，工作是为了让我们生活得更好，而不是让我们成为一台生活机器。还是旧时广州的"妙奇香"茶楼的一副对联说得好：

为名忙，为利忙，忙里偷闲，饮杯茶去；
劳心苦，劳力苦，苦中作乐，拿壶酒来。

老友，得闲饮茶！

风味岭南

镬气

岭南文化学者罗韬认为，镬气当为粤菜精彩元素之一，可惜近年有式微之势。我是赞同罗韬兄的说法的，受罗公所嘱，就镬气一事，掰扯几句。

老广的"镬"，别人的锅

老广所说的"镬气"，也被一些人说成"锅气"，盖因"镬"这个字是一个古汉字，会读的人不多，会写的人也少，慢慢地，只有南方少部分地区的人还保留着这个字。

镬，读 huò，粤语读 wok。不止粤语还保留这个字，温州话、宁波话和台州话，以及湖北黄梅话也继承了古汉语，称大锅为镬，音"wo"，他们称灶台为"镬灶"或"灶镬"。

镬是古代煮牲肉的大型烹饪铜器之一，有足的称为鼎，无足的称为镬。《周礼·亨人》有"掌共鼎镬"，《淮南子·说山》里有"尝一脔肉，知一镬之味"。这里的"一镬之味"指的不是"镬气"，而是"一镬肉之味"，意思是说尝一块肉，就知道一大锅肉的味道，以小见大。

粤语不仅保留了"镬"，而且善用"镬"。"大镬"不仅指大锅，而且指"大件事"，而且是坏事；"爆大镬"指爆料，揭人短处；"孭镬"指背黑锅；"补镬"现在不指补锅，因为这个行业已经消失了，而是指采取措施纠错或补偿；"打镬金"指暴打一顿；"省镬金"指责骂一通；"跣镬金"指害惨了；"一镬熟"指一锅端，同归于尽；"一镬泡""一镬粥"指一塌糊涂；"一镬翘起"指被人欺骗或者破坏导致计划失败；"冇油唔甩得镬"指没有油就会粘锅，相当于舍不得孩子套不住狼；而"镬气"，指的就是高温爆炒产生的味道。

镬气，是怎么来的？

传统粤菜确实很讲究镬气，各种小炒菜、炒河粉、啫啫煲，吸引人的味道就包括了镬气。当食物遇上140℃以上高温烹饪，便会发生焦化反应及美拉德反应，这些化学反应过后就会生成类黑精，成百上千个有不同气味的分子，形成了食物的独特风味。理论上讲,平底锅也可以产生镬气,但不如深凹式的炒锅,流体物理学告诉我们,深凹式的锅炒菜,热气流不是直接蒸发,而是螺旋式停留,更有利于热力的聚集,所以更有镬气。

镬气还离不开快速翻炒,油炸和烤产生不了镬气。美拉德反应在20℃时即可发生,但这个温度会让反应过程非常缓慢,当温度达到140℃时,反应加快,香气四溢,当温度上升到180℃时,香气变钝,色泽褐变加深。焦糖化反应在140℃时发生,产生焦糖和芳香酮两种物质。当温度上升到230℃时,两种产物由香变苦,食物色泽亦会加深。粤菜师傅巧妙地运用抛炒使食物获得了这两种反应的条件,食材表面温度控制在140℃至180℃,此时香气不变钝、味道不变苦、色泽不变褐,这就是镬气。油炸和烤因为没有抛炒,要将温度控制在这个区间,需要比抛炒更低的温度,由表及里,才不会导致食材里面温度达标,外表已经烧焦,这个温度,与抛炒不可同日而语,所以产生不了镬气。

镬气,为什么走了?

镬气是类黑精成百上千个有不同气味的分子所形成的食物的独特风味,这些味道,多数由嗅觉捕捉,而由嗅觉捕捉的味道也有一个缺点,就是容易挥发。

所以,要尝到镬气,还有两个前提:离厨房近,快速品尝,这也是大排档出品的菜镬气重的原因。但是,随着城市管理对环境保护的要求越来越高，大排档逐渐消失，入室经营的餐厅，将厨房与客人的距离拉开。一个镬气十足的菜，端到客人面前时，已经挥发了大部分。

高端精致餐厅也主动抛弃了镬气。一方面，镬气足的菜主要是小炒类，这类菜价格上不去，如果做得太好吃，大家多点几个这类镬气十足的菜，可以拉高客单价的鲍参翅肚、生猛海鲜、鹅肝鱼子酱的销售就会受影响。另一方面，精致餐饮讲摆盘，讲菜的艺术感，多以位上，在实现这些目标的时候，大部分镬气也挥发走了。粤菜镬气的式微，背后是经济逻辑在作怪，想吃镬气足的菜，还必须去一些大排档式的餐厅。当然，凡事有例外，炳胜就还保留着几个有镬气的菜，如果想尝到，找相熟的经理，安排坐在离厨房近一点的地方，炒出来后一路小跑端上来，还是可以尝到镬气的。

镬气来有影，去有踪。前几年，有一次在炳胜与标哥吃饭，他安排了一个生炒菜心和干炒牛河，说这两个菜即使放凉了也还有镬气，一试果真如此。这是因为镬气里的芳香物质并不都是挥发性的，有一些附着在食物表面。我们接触食物，首先是经过嗅觉，镬气被鼻孔吸入后，气味分子与分布在鼻腔上部的各种嗅觉感受器结合，产生信号，上传给大脑，我们便闻出了镬气。而附着在食物表面的气味分子，则从口腔扩散入鼻腔的后方，食物的味道、口感等信息一同被传入大脑，我们便吃出了镬气。这种可以吃出来的镬气，只出现在镬气十足的菜品上，炳胜是大排档出身，如何表现镬气，没人比他们更懂。

其他菜系也有表现出镬气的菜，比如川菜和鲁菜，也有不少高温爆炒的，可以产生镬气，只是他们在这方面没有老广如此执着。可惜的是，镬气这一粤菜典型元素，也有江河日下之势，而且貌似无可挽回。

没有了镬气的粤菜，还是粤菜吗？

潮州菜是享誉中外的一个菜系,也是潮汕文化的重要组成部分。将潮州菜纳入粤菜的体系,这种以地理和行政隶属关系来划分菜系的方式,简单了。说起潮州菜的特点,"食材讲究、选料广博、做工精细、中西结合、质鲜味美"总被拿来说事,我认为,除了"做工精细"这一点外,其他的特点都可以在其他菜系中找到,不能说是潮州菜的特点:"食材讲究",粤菜不在潮州菜之下。"选料广博",在现代物流发达的今天,哪个菜系不是如此?"中西结合",这一点比得过粤菜?即便是"做工精细",也比不上淮扬菜。要说清楚潮州菜的特点,不妨在潮汕文化里找答案,一方水土养一方人,这两者存在着一定的关联。

粗菜精做源于"艰苦做,快活食"的生活信条

屈大均在《广东新语》中说:"计天下所有之食货,东粤几尽有之;东粤之所有食货,天下未必尽有之也。"屈大均说这话时,是在清朝初期,所说的"天下所有之食货",当然不是今天的"天下"。从明朝到鸦片战争,那时的中国还是闭关锁国,与东南亚有点民间非法贸易,有一些南洋食材和调味料倒有可能获取,主要是华侨带来的,说"应有尽有"就夸张了。《广东新语》是对《广东通志》一书做的增补,"谁不说俺家乡好?"屈大均也不能例外。对家乡物产的

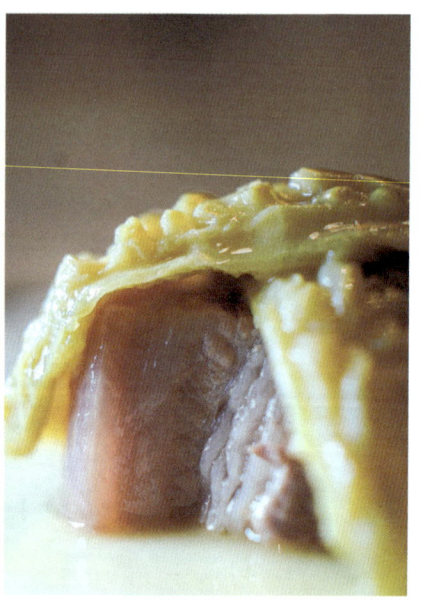

粗菜精做的苦瓜腩肉煲

赞美，往往带有热情的夸大成分，今天的我们，也经常犯同样的错误。潮汕地区一向资源匮乏，并没有什么特别的农副产品，虽然面朝大海，但那时海洋捕捞技术有限，只能在近海兜兜转转，鲍鱼、鱼翅、燕窝、海参也不产于粤东，说物产丰富肯定谈不上，也不可能有什么奇特的东西。

物资匮乏的地方，对待美食的态度有可能出现两个极端，有的地方随便应付，而有的地方却珍惜有加，精心制作。很荣幸，潮汕地区属于后者，这就是潮州菜的最大特色——粗菜精做。粗纤维的芥菜，通过长时间的炖煮，纤维断裂，加点虾干、五花肉和香菇，便成为美味的"厚菇大芥菜煲"；

广府人称为凉瓜的苦瓜，炖汤炒蛋炒肉焖鱼已经算丰富多彩了，潮汕人用五花肉煨几个小时，让苦瓜的生物碱慢慢释放出来，脂肪对它们进行分解，苦味大减，甘味突显，就是一道迷人的"苦瓜腩肉煲"；一坨肉，在潮汕人的手里，加上两根铁棍，就捶打出弹牙的肉丸；粗鄙的番薯，潮汕人将它捣碎加水，萃取出粉水再晒干，就变成细腻的番薯粉，演变出蚝烙、丝瓜烙、花蛤烙，这简直就是潮汕人的"分子料理"；即便是蘸料，也是一菜一碟，讲究得很……

做这些菜，都需要花大量的时间。工作上不辞辛苦，烹饪上一样不惜工力，这就是潮汕人崇尚的"艰苦做，快活食"文化。潮汕文化崇尚刻苦耐劳，虽然潮汕不养驴，但祖上来自河南的潮汕人，对驴的刻苦耐劳赞赏有加，称这种埋头苦干、不辞辛苦的精神为"刻苦驴"，成为年轻人的座右铭。

潮汕人干起活来不要命，享受生活时也很认真，毫不马虎，几近精致。同样是喝茶，潮汕人要喝工夫茶，炭炉、鸡毛扇、榄核炭、山泉水，这是用料和工具的讲究，开水烫壶、下茶高冲、刮去泡沫、关公巡城、韩信点兵，每一个步骤都马虎不得。潮汕文化鄙视不刻苦耐劳的人，也同样看不起不懂生活的人，谁家的萝卜干、咸菜腌不好，是会遭亲戚朋友、左邻右舍嘲笑的。厨艺了得不仅是贤妻良母的必要条件，也是衡量好男人的标准之一，如果你想享口福，建议你择偶时选择一位潮汕人。

角螺汤

●多汤水，追求软烂与敬老文化相关

在潮汕家庭，年纪最大的才是一家之长。在物资匮乏的年代，家里来了客人，热情的潮汕人也在有限的条件下想尽办法捣鼓出几个菜。人多菜少，只能由一家之长陪客人吃，最多也是一两位家庭主要成员陪同。老人家普遍都牙口不好，饭菜当然以老人家吃得下的软烂为标准。一些老人牙都没了，软烂食物也吃不了，只能做成汤汤水水，多少也能补充点营养、尝尝味道。这种美食审美标准，实质上是敬老文化在美食领域的延伸。

潮汕人特别讲究孝道，一家之长有充分的话语权。对家里的老人，不许顶撞、不许反驳，即便觉得老人讲错了，最多也只能虚心接受，样样照旧。这种敬老文化是贯穿于每时每刻的，于饮食方面，也必然有所体现。

固守本味是因为潮汕文化认同

陈晓卿老师说："潮汕是中国美食的一个特别宝贵的孤岛，如果一个中国人说他是美食家却没去过潮汕，那他不算是真正的美食家。"陈老师给予潮汕美食如此高的评价，有一部分原因是潮汕美食保留着独树一帜的风格，尤其是味道上，连相邻的广府菜、客家菜都与之迥异，一直固守着它的本味，不与其他菜融合，保留着自己独特的个性。

味道上与潮州菜比较近似的是闽南菜，这个不难理解，每个潮汕人，往上数几代，基本上都来自福建。与闽南菜相比，潮州菜又明显多了一份精致和清淡。在潮州菜中，我们还可以发现些许南洋风味：沙茶酱、鱼露、南姜、金不换（九层塔），这些颇具潮汕风味的调料，在东南亚也可以见到。历史上，潮汕华侨主要就是往东南亚，人的交流也带来了美食风味的融合，潮州菜就是在闽南菜和东南亚风味中形成自己独特的味型和表现形式，一经定型就很难改变。即便是现在的"现代潮菜"，也有不少潮汕人并不认同，认为"不正宗"。当然，我是反对这种守旧的看法的。

潮州菜如此固守本味，这又与潮汕文化的认同不无关系。历史上，从福建来到潮汕聚居的潮汕人，多宦门与世家，其中有很多成为本地望族，对宗族的认同，既可以团结内部力量，又可以对外抵御侵犯，团结、抱团就是潮汕文化的一部分，在口味上也表现出了对外的排斥和对内的坚守，终于自成一格，仿如美食江湖的一座孤岛。

潮州菜广泛传播归功于潮汕文化的重商主义

勇于拼搏的潮汕人，"往来东西洋，经营南北行"，又因固守本味，不愿妥协，于是有潮汕人的地方就有潮州菜。不论是早期潮汕人坐红头船闯南洋，将潮州菜带到了泰国、新加坡，还是现在潮汕人走南闯北，将潮州菜带到了全国各地，都对潮州菜的传播和发展起到了极大的推动作用。在广州、深圳、北京、上海、杭州、南京、成都，潮州菜都落地生根，发展得很好，卤鹅、牛肉火锅、隆江猪脚饭遍地开花，老鹅头、冻红蟹、炭烧响螺这些名贵菜也出现在非潮州菜餐厅。潮州菜可以是阳春白雪，也可以是下里巴人，已被广泛地认知和认可。

这主要得益于潮汕文化的重商主义。晚唐以前，潮州无论从全国还是从广东看，都属于荒僻之区，人口稀少。北宋以来，韩江三角洲的开发利用，使本地区的生存环境日益改善，来自闽地的移民日益增多，人口数量增加很快。宋元时期本地区的人口数量已经跃居全省前列。人多地少的潮汕人,被迫向外拓展,外出谋生,早年坐上红头船漂洋过海,如今的潮汕人,也喜欢外出闯荡——历来有三个潮汕之说,一个是本地潮汕,一个是海外潮汕,一个是国内潮汕。每个外出的潮汕人,都怀着出人头地的理想,即便辛苦打工,也梦想着有朝一日当老板,于是,潮汕餐厅、潮汕美食也就得以广泛传播,势头不落后于"沙县小吃"。

潮州菜并不一定就是高价,潮汕地区目前还不富裕,在潮汕地区,很亲民的价格,就可以尝到潮汕美食,要尝到真正的潮汕美味,还非得到潮汕不可。

潮州菜源于唐朝吗？

潮州菜很火，作为一个潮州人，我也很享受家乡菜的这份荣耀。

说起家乡菜，毫无例外都想证明其历史悠久，这种"我祖上阔的时候你们在干吗？"的心态，几乎适用于所有研究美食的学者。要证明历史悠久，总得拿出证据，不是出土文物，就是历史文献。研究潮州菜的学者就拿出了韩愈的《初南食贻元十八协律》，以此证明潮州菜最迟可追溯到唐朝。

"初"指刚刚、初始，"南食"指南方食物，"贻"是赠送的意思，"元十八协律"是一个人，名叫元集虚，河南人，在家里排行十八，所以叫他"元十八"。元和十一年，韩愈的老朋友裴行立任桂管观察使，元集虚担任他的府僚，"协律"就是元集虚的官衔。这首诗的名字用现在的话来说就是：刚吃到南方食物，此诗送给元集虚先生。

元和十四年，时任刑部侍郎的韩愈，因对唐宪宗李纯着迷佛教不满，"妄议中央"。唐宪宗本来想杀了他，后来听人所劝，改贬为潮州刺史。元集虚受他的"老板"、韩愈的老朋友裴行立所托，赶来半途送送韩愈，带来了老朋友们的慰问，也带来一些药物，韩愈于是写诗相赠。

鲎实如惠文，骨眼相负行。
蚝相黏为山，百十各自生。

潮州广济桥

蒲鱼尾如蛇，口眼不相营。
蛤即是虾蟆，同实浪异名。
章举马甲柱，斗以怪自呈。
其余数十种，莫不可叹惊。
我来御魑魅，自宜味南烹。
调以咸与酸，芼以椒与橙。
腥臊始发越，咀吞面汗骍。
惟蛇旧所识，实惮口眼狞。
开笼听其去，郁屈尚不平。
卖尔非我罪，不屠岂非情。
不祈灵珠报，幸无嫌怨并。
聊歌以记之，又以告同行。

风味岭南

生蚝

这首诗确实写了不少食物，除鲎（hòu）、蚝、鲎鱼、蛤蟆、章鱼、带子六种食物外，还有没列出名字的数十种食物。来自中原的韩愈以前见所未见，所以没有一件不让他"叹惊"的。对这些食物，韩愈喜欢吗？对不起，他不喜欢，因为他把这些食物说成是"魑魅"（chī mèi）——"魑魅"可不是什么好东西，指的是古代神话传说中的山神，也指山林中害人的鬼怪。韩愈说："我来御魑魅，自宜味南烹。调以咸与酸，芼（máo）以椒与橙。腥臊始发越，咀吞面汗骈。"大意是：我来煮这些怪物，当然只能用岭南人的烹调方法了，就是弄点咸的和酸的，下点花椒和橙子。这些东西又腥又臊，稍为咀嚼一下就吞下去，脸上出汗，满脸通红，而且越来越厉害。

写岭南食物不是韩愈写这首诗的本意，他是用自己嫌弃岭南食物，暗指自己被皇上嫌弃。话锋一转，便到主题上了：这里的人除了吃这些怪物，居然还吃蛇，不过，蛇这东西我以前见过，太恐怖了，面目凶恶。我把笼子打开，把它放生了，可它好像还满肚子意见。人家把你逮了卖给我，这关我什么事？我不杀你，难道不用感谢我吗？我没希望你找来灵珠报答我，你不嫌弃我、怨恨我就不错了。我把这件事记下来，朋友们啊，做人不应该这样吗？

这才是韩愈想表达的意思，他知道唐宪宗也许会看到这首诗，想对他说：岭南这些怪东西，太怪异了，我知错了，放过我吧。我就是那条可恶的蛇，您放过我，我不会因为受过您的惩罚而产生怨恨，这是做人的基本底线啊！

带子

　　通过贬低岭南食物来博同情，韩先生不厚道啊！潮州菜研究专家们拿这首诗来说事，以此证明"韩愈给潮州菜赋能"，这是哪儿跟哪儿？有人居然据此做出了"韩昌黎宴"，我觉得，这个"宴"，应该改为讨厌的"厌"！

　　再说，这首诗是否写于潮州？历来有争议。

　　正方观点源于南宋进士樊汝霖，他说此诗是"元和十四年抵潮州后作也"。樊汝霖是温州永嘉人，善治《尚书》，文学造诣不错，但他也就说说，没有什么证据可以佐证。

　　反方观点源于国学大师、苏州大学教授钱仲联先生在《韩昌黎诗系年集释》中说："前《赠别元十八诗》，寻其叙述，盖途次相别。则此诗不应为抵潮州后作。"钱仲联先生对韩愈的诗,仿照宋人集解、间诂一类的编纂述说方法,采集多家论说,重新系年编排。他认为该诗不是在潮州写的,理由是元集虚在陪伴韩愈时,韩愈还写了六首诗相赠。这六首诗,主要是各种感谢,也讲了治学方法,最后一首是写分别的,从中可以看到他们的行踪,主要是从清远到广州,在今天广州市黄埔区庙头村的南海神庙依依作别。钱先生认为,前六首诗是边走边写,这首诗没理由不是这样,他们两人在广州就拜拜了,所以这首诗与潮州无关。

我倒觉得钱先生的逻辑推理也有问题。前六首诗确实是边走边写并当场相赠,但这首诗为什么就不可以是韩愈到了潮州,写后再寄给元集虚?古人书信往来正常得很。倒是诗名"初南食",而不是"初潮食",意指"刚刚吃到南方食物",说明是刚进入岭南吃到这些东西时所作。这些海鲜,在清远不一定可以吃到,但在广州吃到这些东西没有问题。总之,把这首诗所提到的食物说是潮州食物,欠缺依据,如果广府菜跑出来争,似乎更有资格。

一个地方美食的形成,除了食物,还有烹饪。韩愈提到这些食物,潮汕地区早就有了,这有大量的出土文物可以佐证,不需要韩愈这首诗。有了这些食物,并不能就此推论出当时已经有潮州菜,还要看烹饪方法,韩愈在诗中倒是详细地说了烹饪方法:"我来御魑魅,自宜味南烹。调以咸与酸,芼以椒与橙。"把它弄成咸的酸的,麻辣的和甜的,这是潮州菜?从味型看,川菜、云南菜、贵州菜恐怕更接近。

一个菜系的形成,更重要的是经济条件,只有经济水平发展到了一定高度，大家从果腹向追求美味发展，才可以说得上一二，否则仅以食物溯源，还可以追溯到有人类活动时开始，这样直接去看这个地方什么时候有人类活动，就得出这个地方的菜什么时候有的结论，如此，有意思吗？

　　为潮州菜寻根溯源，是一个严肃的学术问题。我不是美食史研究专家，也不敢妄下结论，只是希望专家们能够慎言，不要给潮州菜弄出笑话。即使不能证明潮州菜历史悠久又怎么了？不如好好做菜，让全国人民喜欢潮州菜，这比历史悠久更重要。

韩愈带家厨来潮州了吗？

壹 — 岭南食话

有人从另一个角度论证潮州菜源于韩愈，理由是韩愈来潮州时，带了家厨，留下了美食。这一说法是1971年，汕头市饮食服务公司开办厨师培训班，在培训学习期间，由饮食老师陈子欣先生所提出。

陈子欣先生认为，"潮州菜的源头应该算在唐代韩愈先生身上。理由是韩愈先生来潮州府城任职为官，必定有他的随从，随从中必定有家厨。家厨来到潮州府城后，选用本地食材，结合他们从京城带来的烹饪方法和饮食文化，改变了地方食材的做法和吃法，经韩愈先生品试后，得到认可。"

美食史研究，也属于历史研究范畴，适用于胡适先生的"大胆假设，小心求证"原则。"韩愈带着家厨来潮州，给潮州留下美食"的假设可谓大胆，但他们连"求证"都懒得做，更不要说"小心"了。

那么，韩愈究竟有没有带家厨来潮州？

在民间的美食史研究者眼中，潮州刺史是个大官。韩愈来潮州前官职还是刑部侍郎，肯定有家厨，带着家厨来潮州当官，似乎没毛病。

但毛病就出在，来潮州之前，韩愈穷得叮当响！

公元758年，韩愈出生，虽然他的祖辈都曾在朝或在地方为官，其父韩仲卿时任秘书郎，但很不幸，韩愈3岁时，韩仲卿便逝世，他由兄长韩会抚养成人。9岁那年，兄长去世，韩愈只得随寡嫂郑氏避居江南宣州（即安徽宣城，出宣纸的地方）。韩愈这一时期，

潮州韩文公祠正殿内的韩愈塑像

是在困苦与颠沛中度过的。19岁至21岁,韩愈三次参加科举考试,均失败。24岁那年,韩愈第四次参加进士考试,终于登进士第。唐朝的进士,还当不了官,必须参加吏部的博学宏词科考试,韩愈考了四次,在31岁那年才通过吏部考试,被任命为国子监四门博士,相当于中央党校讲师,正七品上官员。之后浮浮沉沉,44岁那年还是国子博士,相当于中央党校教授,正六品上官员,这个岗位大约一个月有俸禄四十贯。直到49岁,韩愈辅助裴度平叛,因功授职刑部侍郎,正四品上官员,俸禄应该有所提升,但不多。那时的京官,工资比地方低。

月薪四十贯,基本上已算高薪,问题是,韩愈的家里人太多了——包括侄子韩老成一家在内足足有三十口人，需要韩愈去扶养。韩愈每天一睁眼，面临的就是三十口人的吃喝拉撒，即便是在谷多价贱的丰年，韩愈一家也吃不饱饭。在他的《进学解》中，他说他被人讥笑为"年丰则妻啼饥"。唐朝的官员出行没有公车，坐轿子、骑马是大多数官员的选择，最差的是骑驴，韩愈倒是有一匹马，不过是一匹弱小的马，他曾经在《与人书》中吐槽自己的马："泥水马弱，不敢出。"

在四十五岁那年，韩愈曾经写了一篇文章叫作《送穷文》。从这篇文章里可以看出他有多穷，"朝齑暮盐"，早上吃咸菜，晚上连咸菜都没有，直接用盐当菜。韩愈一家人穿的衣服都非常单薄，因此他的儿女们经常冻得瑟瑟发抖。韩愈在《进学解》中说他"冬暖而儿号寒"，在寒冷的冬天，韩愈既没有办法去筹备取暖用的炭火，也没有办法为家人准备厚衣服，一家人只能聚在一起瑟瑟发抖，孩子啼哭，大人烦恼。节衣缩食，还是没办法度日，韩愈只好经常到处去借钱。韩愈此人性格豪爽，朋友众多，大家也愿意接济他，例如当时的山南东道节度使于頔（dí），就是经常借钱给韩愈的好友。通过节俭度日和东拼西凑，韩愈在京城的日子勉勉强强过得下去。

韩愈在刑部侍郎这个四品官位上待了约一年一个月，此时唐宪宗派使者前往凤翔迎佛骨，长安一时掀起信佛狂潮。韩愈不顾个人安危，毅然上书《论佛骨表》极力劝谏。这篇文章言语尖刻，很不艺术，除了认为供奉佛骨实在荒唐外，还列举了历朝历代信奉佛教的皇帝都不得好死。唐宪宗气得暴跳如雷，要用极刑处死韩愈，经裴度、崔群等人极力劝谏，才将他贬为潮州刺史。捡回一条命，穷得叮当响的韩愈，会带着家厨来潮州上任？

唐朝的京官待遇很一般，特别是安史之乱和中唐以后藩镇割据，中央积贫积弱，财政上很难为中央官员提高待遇，倒是地方官收入会高一些。韩愈在潮州待了八个多月后，被调到了大一点的袁州，收入直接蹦到了一百贯，还获得了一笔高达五十贯的"送使钱"，生活才得到改善。后来他重回京城，当上国子监祭酒，相当于中央党校校长兼教育部部长，则主要靠润笔费补贴家用。此时的韩愈作为古文运动的倡导者，已经是天下闻名的文学大家了，白居易就曾经评价：

学术精博，文力雄健，立词措意，有班、马之风，求之一时，甚不易得。

韩愈文章写得好，因此请韩愈来写文章已经成了当时的一种时代风尚，人人都以能请韩愈写文章作为夸耀的资本。"长安中争为碑志，若市买然"，这意思是，长安城内的大户人家，不惜重金请他撰写墓志铭。司马光在《颜乐亭颂》一文指出，韩愈"好悦人以铭志，而受其金"。那么，韩愈的润笔费有多高呢？刘禹锡曾形容是"一字之价，辇金如山"。韩愈自己记下来的就有："金数斤""马一匹并白玉腰带一条""绢五百匹"等。一匹绢大约是零点八贯,韩愈写一篇文章就是四百贯,这在当时是一笔不少的收入。此时的韩愈终于阔了起来,但很遗憾,与潮州没有关系。

但韩愈是个对物质生活不讲究的人,他这样看待财富:

携持琬琰,易一羊皮,饫于肥甘,慕彼糠麋。天下知子,谁过于予。虽遭斥逐,不忍于疏,谓予不信,请质《诗》《书》。

意思是,有的人有一块美玉,却用来换一张羊皮;有的人吃香喝辣,却羡慕别人家的粗粮粥。为什么呢?因为志趣不在于物质享受之上,而在于《诗经》《尚书》等经典之中。

不讲究物质享受,也与韩愈牙齿不好有关。据韩愈说自己才四十五岁,"我今呀豁落者多,所存十余皆兀臲(niè)。"这些牙齿都是"无故动摇脱去",不是磕的碰的,韩愈应该是得了严重的牙周炎,因此在饮食方面往往选择比较松软的食物。韩愈在《赠刘师服》里自嘲说:"匙抄烂饭稳送之,合口软嚼如牛呞。"画面是这样的:一位老人稳稳地将一勺子软饭送到了自己嘴中,然后像牛吃草一样对饭进行细细的咀嚼,虽然样子可能有些滑稽,但对韩愈来说,这就是最好的一种吃饭方式了。

虽然在饮食上不甚讲究,但在饮酒方面他却比较讲究,是个不折不扣的酒鬼。韩愈从年轻的时候就开始喝酒,开心了喝酒,难过了也喝酒,无聊了也喝酒,而且要喝名酒好酒。我留意了一下,记载下韩愈喝过的酒有"抛青春"与"绮罗春"两种。唐朝的酒都是低度酒,那时还没有蒸馏技术,酒名都有一个"春"字,卖酒叫"沽酒"或者"当垆"。

这位"文起八代之衰"的文坛领袖,现存诗文700余篇,甚少谈吃吃喝喝。除了上面提到的,勉强跟吃沾边的也就两首。一首是《岳阳楼别窦司直》,这是韩愈从阳山县赴江陵任职,途经岳州所作,此时结束了第一次被贬,心情不错。诗很长,其中有"杯行无留停,高柱送清唱。中盘进橙栗,投掷倾脯酱。"喝酒、弹琴、歌唱、扔各种水果,把肉酱都弄倒了,简直就是一场大型派对,不过吃食并不见得多么丰富。再者是《李花二首之一》,写这首诗时韩愈从河南回到长安,感叹自己不被重用,其中有"冰盘夏荐碧实脆,斥去不御惭其花"一句,说人家夏天用冰盘盛出李子招待我,我叫他们拿下去,我都没有看到李子开花,怎么好意思吃李子?他把自己喻为李花,没人欣赏。写来写去也离不开水果。韩愈一辈子都喜欢吃水果,但是牙齿不好,"妻儿恐我生怅望,盘中不饤栗与梨"。他说老婆孩子怕他抵御不了水果的诱惑,吃水果时把所剩不多摇摇欲坠的几颗牙齿也弄没了,在家里都把水果藏起来。

北宋初期的美食家陶谷在《清异录》里记载了一件事,这件事让韩愈终于与美食沾了点边:"昌黎公逾晚年颇亲脂粉,故可服食。用硫黄末搅粥饭,啖鸡男,不使交,千日,烹庖,名火灵库,公间日进一只焉,终致绝命。"昌黎就是韩愈,这段话是说他老人家为求壮阳，让公鸡吃含硫黄的粥饭，隔天吃一只鸡，终于把自己吃死了，享年 57 岁。陶谷离韩愈的时代不远，其《清异录》可信度甚高。当然了，这件事后世争议颇大。

在"君子远庖厨"的古代，作为读书人的典范，韩愈如果成为一个美食家，可能反而不完美。韩愈虽然不是美食家，可能跟潮州菜没什么关系，但这一点不影响韩愈的光辉形象，也不影响潮州菜的形象。韩愈在潮州八个月，好事做了一大箩，没有与美食沾边，潮州菜也没必要为此着急。潮州菜为什么不能土生土长？为什么潮汕人就不能扛起潮州菜这面大旗？对这一点，潮汕人要有自信！

贰 岭南家常

元宵节话汤圆

潮汕的"鸭母捻",其实就是汤圆。历史不算悠久的汤丸,在广袤的中国大地,还有其他名字,比如元宵、汤团、浮圆子……这些名字都好理解,或根据其外形,或因为元宵节而取名,逻辑都没毛病。倒是英文把它直译为"soup round","汤"和"圆"的组合,则令人捧腹。"rice dumpling","用米做的饺子",似乎更贴切一些。

汤圆与元宵

有人坚称北方所说的元宵与南方所说的汤圆不是一回事,这个说法也有道理,因为两者的制作工艺确实有很大的差别。

元宵在制作上要烦琐一些:首先须将和好的馅儿切成小块,过一遍水后,扔进盛满糯米粉的笸箩内滚,再过水,继续放回笸箩内滚,反复几次,直到馅料粘满糯米粉,滚成圆球方才大功告成——也就是说,元宵是摇出来的。元宵吃起来表皮筋道,馅儿也有嚼劲。摇出来的元宵,糯米粉之间联结不紧密,煮的时候部分糯米粉会析出,导致煮出来的汤会比较黏稠,喝起来有点儿像米汤。

汤圆的做法有点像包饺子:先把糯米粉加水和成团,用手揪出一小团,捏成圆片形状,挑一团馅放在糯米片上,再用双手边转边收口即成。包的馅料可甜可咸，可荤可素，甚至有用猪肉、火腿、虾米等做馅的汤圆。汤圆表皮光滑、口感细腻，由于馅里脂肪和水分多，所以汤圆被咬破的那一刹那，馅料会像流沙一样流出来。汤圆是包出来的，糯米粉之间的联结比较紧密，有些地方还用开水和糯米粉，糯米粉糊化形成紧密联结的网状结构，不容易析出到汤里，所以汤圆煮出来的汤比元宵清亮。

汤圆始于南宋

不论是叫汤圆还是叫元宵，都必须用糯米做皮，形状是圆的。按此标准，在南宋之前未见它的踪影。南宋之前，中华文明的重心都在北方，以面为主食才是主流，产量很低的糯米很难找到表现的舞台，更不要说在年节这些重要日子里露脸了。直到北方少数民族的铁蹄把汉族政权赶到南方，南方的米制品才有表现的机会。南宋周密在《武林旧事》卷二"元夕"一节中，记述了杭州城元宵节日吃食：

> 节食所尚，则乳糖，圆子，馉饳，科斗粉，豉汤，水晶脍，韭饼及南北珍果，并皂儿糕，宜利少，澄沙团子，滴酥鲍螺，酪面，玉消膏，琥珀饧，轻饧，生熟灌藕，诸色珑缠，蜜煎，蜜裹糖，瓜蒌煎，七宝姜豉，十般糖之类。

这里所说的"圆子"被认为是今日之汤圆，虽然没有

风味岭南

汤圆

指出糯米粉这一关键材料,好在南宋人陈元靓《岁时广记》卷十一做了补充:"煮糯米为丸,糖为臛,谓之圆子。"《岁时广记》是一部节日时俗的百科全书,"糯米为丸,糖为臛",已经指出了糯米,"臛"就是馅。

南宋政治家、文学家周必大有一首《元宵煮浮圆子前辈似未尝赋此坐间成四韵》:

今夕知何夕,团圆事事同。
汤官寻旧味,灶婢诧新功。
星灿乌云里,珠浮浊水中。
岁时编杂咏,附此说家风。

周必大是南宋高宗朝的进士,官至吏部尚书、枢密使、左丞相,封许国公。他从政四十五年,以宰相之尊主盟文坛,与陆游、范成大、杨万里等名家交游频繁。他初学黄庭坚,追慕欧阳修,在南宋中叶的词臣中居于领袖地位,在校勘、刻印书籍方面也颇有建树。这首诗,通篇没有"汤圆"二字,幸好标题内容十分丰富,不仅有"浮圆子",即汤圆,还说"前辈似未尝赋",以前诗人似乎还没有留意,没有"赋"过。

先有汤圆,后有元宵

汤圆最早始于南宋,但那时的汤圆,究竟是包出来的,还是摇出来的呢?

写《岁时广记》的陈元靓，还写了《事林广记》，在"新法浮圆"中，介绍了四种圆子制法，均以糯米粉为主料：

> 糯米三升，干山药三两，一处捣粉，筛制极细，搜圆，如常法，急汤煮之，合糖清浇共。其丸子皆浮器面，虽经宿亦不沉。一法用芋子磨烂，和粉搜治，亦浮。又有加绿豆粉为衣，入百沸汤煮，亦浮。然不若用鸡子清搜粉为愈，每供止用麝香些子揩匙头，甚省力也。

第一种方法，取三升糯米粉配三两山药捣碎，筛成极细的粉，加水调和制成圆子，下沸水煮熟后，佐糖食用。第二法，将芋头磨碎，加糯米粉团成圆子，煮食。第三法，先以糯米粉团成圆子，外面裹上一层绿豆淀粉糊。第四法，以糯米粉加鸡蛋清调和，制成圆子——这种办法最快捷、省力。这四种方法，都是包的，就是今天的汤圆，只是没有馅料。

至于摇出来的元宵，则要等到明朝时出现。明朝太监刘若愚在《酌中志》中记载了明代宫廷正月十五日食俗：

> 吃元宵。其制法，用糯米细面，内用核桃仁、白糖、玫瑰为馅，洒水滚成，如核桃大。

这种"滚"元宵的制法，自此风靡北方，流传至今。做法是固定了，但叫法可不固定。1916年，袁世凯做了洪

宪皇帝,"元宵"谐音"袁消",袁皇帝下令"元宵"改称"汤圆"。有人后来写了打油诗,调侃其事:

> 诗吟圆子溯前朝,
> 蒸化煮时水上漂。
> 洪宪当年传禁令,
> 沿街不许喊元宵!

煮汤圆,有学问

大师傅董振祥先生回忆自己刚入行时摇元宵。别人的元宵是正常蘸三次水的,他们摇元宵的占点小便宜,蘸多几次水,摇多几次面,比别的员工分到的元宵大多了。可回家煮元宵,从晚上十点煮到半夜一点,不论如何就是煮不透。看来,煮汤圆,还真不是件容易的事。

首先,汤圆不能太大,否则如大师傅刚入行时一样摇汤圆,怎么煮都难煮熟。有的地方和糯米粉,用开水而不是冷水,目的是让糯米粉迅速糊化,处于米熟状态,煮起来省事,糯米粉也不容易析出跑到汤里,汤水更加清澈。

其次要开水下汤圆,以避免汤圆粘到锅底。如果冷水下汤圆,汤圆迅速坠入锅底,糯米的黏性很高,就容易粘锅。开水下汤圆,翻滚的开水把汤圆往上顶,减缓了汤圆下坠的速度,同时让汤圆表层迅速糊化,形成一层网络,就不容易粘锅了,再拌以勺子轻轻推散,既避免粘锅煳底,又避免汤圆结成一块。

三是文火煮汤圆，其间要点冷水，使水始终处于似开未开的微沸状态，以避免汤圆煮破，等到所有汤圆都彻底浮起来就可以了。水煮汤圆，热量的传递总是先到达汤圆表面，再深入汤圆内部，直至馅料，外面很快就熟，里面却不一定；包汤圆或摇元宵时会把空气包进去，随着加热，空气膨胀，汤圆会被内部较热的空气撑起来，导致原来直接接触的皮和馅料被空气层隔开；有了空气层，传热便由皮和馅料之间的直接热传导，变为通过与空气层的对流换热再传到馅料，热阻更大，热流量减小，会降低传热效率，影响汤圆内部的加热；在滚开的水中加入凉水，可以使水温骤降，汤圆内部的气体遇冷收缩，汤圆皮与馅料重新贴合，加热更高效。如果一直保持加热而不加入冷水，加热效率低，汤圆馅料被长时间加热的同时，汤圆内部空气也在不断被加热，有可能由于过度膨胀而撑破汤圆皮。当汤圆被彻底加热，内部的空气也会受热膨胀，这会导致原来浮浮沉沉的汤圆总体积变大，受到的浮力变大，直至汤圆克服自身重力完全浮到水面，这也意味着汤圆熟了。

一粒小小的汤圆，历史还挺复杂，想煮好汤圆，也不是件简单的事，至于包汤圆或摇元宵，相信现代人已经没有了那份闲情逸致。在营养普遍过剩的现代，汤圆高糖高淀粉高热量，更是让人喜欢不起来，能买来一袋速冻汤圆，元宵节应一下景，已经是对传统的最大尊重了。

逝者如斯夫！

潮汕甜品鸭母捻

贰 — 岭南家常

潮汕有一道甜品，写作"鸭母捻"，慕名而来的外地人一吃，会惘然若失："这不就是汤圆嘛！"但吃完又会觉得与汤圆不同，它比汤圆个头更大，也不是圆形，而是如鸡蛋般的椭圆形，馅料也丰富多彩，除了花生馅、芝麻馅，还有芋泥馅、豆沙馅和水晶馅，只需两三个，就是满满的一碗。是的，准确来说，它就是潮汕版的汤圆。

"鸭母捻"是根据潮汕话而写出来的，"捻"其实也不是正确的写法，只是现代汉字字库里找不到对应的字，只能取接近的这个字。有人认为，这个字应该写成"脍"，读"nim^3"，意思为在水里浮浮沉沉的状态，而"捻"读"niam^3"，是"掐"和"捏"的意思，两者读音相近而意思相去甚远，由此也让现代潮汕人对这种潮汕版汤圆为何叫"鸭母捻"有了争议。

潮汕话母鸭叫"鸭母"，母鸡叫"鸡母"。一种说法说"鸭母捻"因为外形像鸭蛋，是由"鸭母卵"的谐音而得名。这个说法纯属胡说八道，"鸭母捻"虽然比汤圆大，但也不至于大如鸭蛋，它的个头更像鸡蛋，潮汕人不至于如此走眼，真要从外形命名，应该叫"鸡母卵"，而不是"鸭母卵"。另外，潮汕人称鸭蛋为"鸭卵"，不会叫"鸭母卵"，只有母鸭才会下蛋，这个常识潮汕人也懂，所以不会画蛇添足地去把鸭蛋叫作母鸭蛋，把鸡蛋叫作母鸡蛋。

风味岭南

鸭母捻

再者,"卵"字在潮汕话中是一个常用字,"鸡卵"是大家的日常食物,"鸭卵""鹅卵"也屡见不鲜,"菜脯卵"更是早餐"白糜"的标配,既然常用,为什么要用谐音"捻"字来代替?

还有人从"捻"字入手解释,"捻"等同于"捏",就是用拇指和食指把糯米团捏下来。做"鸭母捻",确实需要先把糯米粉和成糯米团,再用手指从糯米团里"捻"出一小团来,但核心环节是包馅和揉搓成形。潮汕人根据这个核心环节,把做汤圆叫"挼丸",没人叫"捻丸"或者"捏丸",所以这个说法也极不靠谱。

靠谱的解释是,硕大的潮汕汤圆"鸭母捻",煮的过程比普通汤圆耗时更长,过程中会在甜汤里浮浮沉沉,像一只只在池塘上游曳,时而昂首换气呼吸,时而潜入水里觅食的大白鸭。这个状态,潮汕话叫"nim^3",由于找不到相应的汉字,就拉来了"捻"字凑数。一群鸭中,母鸭因为会生蛋,经济价值更高,所以成为主角,公鸭只是配角,这才是"鸭母捻"的正确出处。

历史上,人多地少的潮汕一向缺乏粮食,糯米产量不高,用糯米做的"鸭母捻",当然属于稀罕之物,只有年节才会露面,冬至、除夕、元宵节吃"鸭母捻",既有一家团圆的意思,也有万事圆满的祈愿,这一点与其他地方没有什么区别,但为什么潮汕汤圆要做这么大呢?是因为懒吗?

潮汕人以刻苦耐劳出名,在吃喝这个事情上面,更是不惜工力,粗菜精做,"图方便"这种想法根本不会存在。

别的地方汤圆的馅料主要是花生馅、芝麻馅、红豆馅，潮汕人居然弄出芋泥馅和水晶馅。将芋头蒸熟，再把它碾碎，用猪油捣鼓成泥，这已经够复杂了，水晶馅更复杂，腌制的甜冬瓜切成丁，与芝麻、冰肉搭配做馅，这是潮汕特有的味道。

"鸭母捻"之所以比汤圆大，这是潮汕人"舍得"的表现。尽管食物得来不易，潮汕人平时也节衣缩食，但在节庆日子总会竭尽所有，制造出欢乐的节日气氛。祭拜祖先的三牲粿品不能少，还能少得了汤圆？不仅不能少，而且必须大。拜祖宗"猪头大粿"，鹅要大，猪头要整只，粿品更要大，在这种以大为美的节日氛围下，汤圆也就变成了个头大的"鸭母捻"。丰盛饱满的馅料，也需要更厚的糯米皮才包得住，皮厚馅多，个头不大才怪。

个头超大的"鸭母捻"，煮起来需要更多耐心，煮不熟当然不行，煮破了也大煞风景，这个过程，就是"鸭母捻"浮浮沉沉的过程，即潮汕话说的"nim^{3}啊nim^3"。包"鸭母捻"时，难免会将部分空气包在里面，当"鸭母捻"被不断加热，内部的空气也会受热膨胀，导致原来待在锅底的"鸭母捻"总体积变大，受到的浮力变大，直至浮力能克服自身重力便上浮到水面。翻滚着的糖水处于对流状态，上浮的"鸭母捻"又会"随波逐流"被按了下去，很快又浮了上来——"鸭母捻"如鸭子般在水塘里浮浮沉沉，正缘于此。

"鸭母捻"吃起来柔韧甜滑，细嚼慢咽，又感馅香粉糯。但这一潮汕名小吃，在如今营养过剩的年代，却呈现了式微的迹象，这与"鸭母捻"个头太大，人容易吃撑有关。这个好办，让它变小就是，如今的"鸭母捻"，个头越变越小，还增加了配料，不只是简单的糖水加"鸭母捻"。售卖"鸭母捻"的店家常备十几种配料供顾客们选择，比如芋头、栗子、眉豆、红枣、绿豆、花生、薏米、红豆、番薯、银耳、白果、鹌鹑蛋、姜薯等等。至于餐厅，则鲜有"鸭母捻"的影子，这主要是因为"鸭母捻"卖不出高价，又必须手工制作，唯有让位于高价的燕窝、桃胶等甜品，若餐厅饭后甜品有"鸭母捻"，恭喜你，你碰到了一个实诚的、不想忽悠你的商家。

如果你到了潮州，我的推荐是"胡荣泉鸭母捻"，这是个超过百年的老字号，虽然他们现在以卖饼为主。如果在广州，一记味觉餐厅饭后甜品也有这玩意，不过最好提前告诉他们，林师傅做这个甜品，好得很！

老广的意头菜——生菜

过年,广府人的餐桌上必须有生菜,取其谐音寓意"生财"。其实不仅仅是过年,老广的餐桌,一年四季生菜都是主角之一,原因很简单:容易烹调,味道还非常受欢迎。

生菜的学名叫叶用莴苣,与莴笋、油麦菜同为莴苣的变种,为一年生或二年生草本作物,叶长倒卵形,脆嫩爽口,有甜味,可以生吃,所以得名"生菜"。又因为味道与油麦菜、莴苣相似,所以又得名"唛仔菜""莴仔菜"。潮汕人叫它"鹅仔菜",刚孵化出来的鹅仔,只能吃嫩叶菜,生菜切丝剁碎就是鹅仔最喜欢的美食,这为它赢得了这个名字。为了避免世界各地对同一物种叫法各异引起混乱,生物学上用拉丁文给生物命名,生菜的拉丁文学名是 $Lactuca\ sativa$ var. $ramosa$ Hort.,其中的核心词是lactuca,"lac"的意思是"牛奶",这个名字因原始的生菜能够渗出乳白色的汁液而得来。

植物学界比较统一的认识是生菜起源于地中海东部地区和近东地区,至于何时传入中国,争议颇大。

一种说法是生菜由阿富汗使者在隋朝时带到中国,依据是北宋初期陶谷的《清异录》,在"蔬菜门"有"千金菜"一条:

> 呙国使者来汉,隋人求得菜种,酬之甚厚,故因名"千金菜",今莴苣也。

用现在的话说就是：呙国使者来中国的时候，隋人给他很多报酬，求得一些菜种子，所以叫"千金菜"，就是现在的莴苣。呙国就是现在的阿富汗，"汉"是指中国，"隋人"当然是指隋朝时的人。有人说"汉"指汉朝，以此又把莴苣传来中国的时间往前推到西汉，而且想到张骞，这纯属想多了，《汉书》里没有这类蔬菜的相关记载。但这个"莴苣"不是生菜，虽然生菜叫"叶用莴苣"，可从古至今，莴苣主要食用部位是根茎，与叶用的生菜分得比较清楚。尽管历史上也有人把它们搞混了，但只是少数的糊涂蛋，不是主流，陶谷是那时的超级美食家，如果那时莴苣与生菜同时存在，他不至于分不清楚。

另一种说法是生菜最迟在唐朝已经有了，依据是杜甫的《立春》：

> 春日春盘细生菜，忽忆两京梅发时。
> 盘出高门行白玉，菜传纤手送青丝。
> 巫峡寒江那对眼，杜陵远客不胜悲。
> 此身未知归定处，呼儿觅纸一题诗。

这是杜甫晚年创作的一首七言律诗，诗的前两联叙写两京春日景况，后两联抒发晚年客寓夔江之春日感怀，全诗用欢快愉悦的回忆，反衬当下客寓流离生活的愁苦。从来没有人把杜甫当成美食家，但他有个好习惯，但凡吃到点什么，总会写首诗哼唧几句，这里的"春日春盘细生菜"，虽然提到了"生菜",但指的是"生吃的菜"。古人立春时吃春盘,吃的就是生的菜。这首诗后面还有一句,"菜传纤手送青丝",把菜切成丝,如果加热,就不是"青丝"了,古人的烹饪技术还没高到把菜切丝煮了之后还保留绿油油的水平。所以,把吃生菜推到唐朝,不可信。

生菜传入中国,最早出现的文献是元朝胡古愚所撰的《树艺篇》"蔬部"卷二,里面说生菜"八月漫撒种,待长,治畦分栽,粪水频便民"。此后对生菜的记载就多了去了,比如明代的《图纂》就有"生菜种之不必拘时,才尽即下种亦便"。《镇江府志》有"生菜有二种,叶多者谓之,盘生晚嫩可食故名"。《松江府志》有"生菜,毕生如树细切如熟油生食,因名"。

生菜来到广东,大约是在明朝的时候。明朝张岳所纂的《广东通志初稿》卷十八,就有"节物所尚,尤见民间之风俗,十府大同小异,今备载之。迎春日,竞看土牛者,少率老盈路,吃春饼生菜"。明朝嘉靖年间的《广东通志初稿》卷三十一,说生菜"形似莴苣,用裹鱼肉杂馔食之,清明尤盛。立春日亦用卷饼"。明朝欧阳保所纂《(万历)雷州府志》卷五有"雷俗,节序与广州大同。立春先一日,所属有司晨至东门外迎春公署关内,小民各办杂剧,俟祭芒神毕,诸色人前导迎春以入,老稚咸集通衢看土牛,或洒以菽稻,名曰消疹。是日啖春饼生菜"。清朝戴肇辰修、史澄所纂的《广州府志》卷十五记载:"迎春日竞看土牛,或洒以菽稻,名曰消疹,啖生菜春饼,似迎生气,元日礼神贺节,上元观灯或作鞦韆(今

生菜

为秋千）百戏，十六夜妇女走百病，撷取园中生菜曰采青。"可以看出，晚清之前，老广吃生菜，风俗与北方一样，立春时节吃春盘春饼用，寓意迎"生气"，与"生财"无关。

有着六百年历史的佛山南海狮山官窑生菜会，每年正月二十六日为观音开库之日，信众赶往观音庙借库或还库，有吃生菜包的风俗，取其"包生"之意，祈求能够生出儿子。

看来老广生怕观音菩萨功力不够,弄来生菜包着吃,给予加持,不知观音菩萨做何感想。至于寓意一年顺景,人财两旺,改到每年元宵节举办,则都是后来的事了。

今天生菜的味道比原始生菜美味得多,这是科学家们不断育种改良的结果。我们中国人日常吃的生菜有三种:罗纹生菜或罗马生菜(因它的英文名有 romaine 这个词),老广通常叫它"唐生菜",它在所有生菜中最为脆嫩,口感最佳;球形生菜,老广叫它"西生菜",由于风味最为清淡,是制作三明治和汉堡包的专属生菜,宽大的叶片用来包各种肉料吃,包得住;紧密包裹着的小宝石生菜,带有黄油风味,做沙拉再合适不过。国外还有奶油生菜、松叶生菜、红橡木生菜、紫叶生菜、红叶生菜等,各具不同风味和口感,但都毫无例外一种做法——生吃。

生菜之所以适合生吃,主要原因是味道比较清淡,淡淡的苦味被甜味所覆盖,不加热也没有不舒适感。相反,加热稍一过度,生菜脆嫩的口感消失殆尽,翡翠绿也变成难看的墨褐色。

尽管生菜进入中国已经约七百年,但一直占据不了"C位"。国人逐渐接受生菜,要归功于 20 世纪 90 年代北京亚运会和麦当劳、肯德基等西式快餐。生菜生长的适宜温度为 15~20℃;持续高于 25℃,则生长较差,叶质粗老,略有苦味;若较长时间处于 0℃ 以下的低温,生菜就会冻死。在没有温室种植技术以前,冬天长江以北的地区就无法种植生菜了。但夏秋之间,北方种生菜并没有问题,生菜之所以没被当成餐桌的主角，这与喜欢熟吃蔬菜的国人一开始驾驭不了生菜有关。在烹饪生菜上，老广的方法很符合生菜的烹饪科学：只需在开水里烫十秒，取出来淋上用蚝油、生抽、蒜蓉等调成的酱料，就是生菜的最佳表现形式。广州话"易过食生菜""发誓当食生菜"，都说明生菜烹饪非常简单，做不好是因为总怕它不熟，把它弄复杂了。

生菜的味道主要由莴苣素和甘露醇提供，莴苣素贡献了香味，甘露醇贡献了甜味，但是，莴苣素有苦味，这也是生菜有一点点苦的原因。好消息是，只要加热，莴苣素的苦味物质就会被分解，稀释到水里，剩余的那一点点苦味又被甘露醇的甜味所覆盖。但是，生菜的叶绿素并不算十分丰富，它还含叶黄素和胡萝卜素，常温下叶绿素把叶黄素和胡萝卜素遮盖了，就表现为迷人的翡翠绿，而加热稍为过度，氢离子破坏了叶绿素，叶绿素变成褐色，叶黄素和胡萝卜素的颜色"原形毕露"，成为难看的墨褐色，部分叶黄素和胡萝卜素被稀释到水里，使汤汁也变成令人毫无食欲的墨色。生菜含水量高达95%，这是生菜脆嫩的原因，但加热让细胞壁被破坏，水分流失，生菜也就失去了脆嫩的特质……

粤菜追求清淡，只用开水短暂焯一下，生菜的细胞壁只是被轻度破坏，水分流失不多，所以还保存脆嫩的口感；氢离子的"作案"时间有限，对叶绿素的破坏还不太严重，所以还保留了翠绿；生菜细胞中间有空隙，存在着一些空气，焯水让这些空气受热膨胀逸出，但没有离开蔬菜，会有一些附着到叶绿素表面，在水中形成一个个微小的"放大镜"，增强叶绿素的视觉效果，所以生菜更加翠绿；蚝油、生抽、蒜蓉给生菜调味，只需调好淋上去，或者蘸着吃，就能吃出生菜的最佳味道和口感。

在国外销量仅次于番茄和土豆的生菜，在中国的销量也节节攀升，这与其他菜系学习了粤菜对生菜的烹饪手法有直接关系。2020年，我国生菜和菊苣类蔬菜产量达1432.31万吨，占全球产量的一半，位居全球第一，是全球第二的美国的3.25倍，排位第三的印度的12.77倍。但我国生菜的人均供应量并不高，约为每人每天28克，在全球排名第六位，在我们之前的有比利时、荷兰、斯洛文尼亚、意大利、瑞士等几个欧洲国家。毕竟欧洲是生菜的原产地，欧洲人天生就喜欢吃生菜。

生菜中含有膳食纤维、维生素C和丰富的微量元素，如钙、磷、钾、钠、镁及少量的铜、铁、锌。生菜被称为减肥蔬菜，主要是膳食纤维给人饱腹感，并可以带走残留在身体的部分毒素，真要让它发挥这个作用，前提是多吃，而且要控制肉和淀粉的摄入量。

健康、美味、易烹饪的生菜，完全可以成为你餐桌的主角，怎么样？今天就来一盘？

贰 — 岭南家常

老广的意头菜——发菜

过年期间，广府人的餐桌必须有好意头的菜，各种谐音被搬来寄予新年良好的祝愿，生菜意为"生财"，发菜意为"发财"。猪脚不叫猪脚，叫猪手，意为"就手"，很容易的意思。蚝脯也叫成"蚝豉"，意为"好事"……

生菜、猪脚、蚝脯都好找，发菜却已经被明令禁止采集和销售。2000年6月14日，国务院颁布了《国务院关于禁止采集和销售发菜制止滥挖甘草和麻黄草有关问题的通知》，对发菜的采集、收购、加工、销售都予以明令禁止，吃发菜倒不至于违法。国务院这个文件的依据是《中华人民共和国野生植物保护条例》，国务院将发菜定为一级保护植物。

发菜属于藻类。之所以叫"发菜"，与它的形状如头发有关。它还有其他名字，比如地毛、旃毛菜、地毛菜、仙菜、净池菜、龙须菜、头发藻等。文献记载吃发菜的历史不长，最早出现在清初李渔的《闲情偶记》的"饮馔部·蔬食第一"中：

菜有色相最奇，而为《本草》《食物志》诸书之所不载者，则西秦所产之头发菜是也。予为秦客，传食于塞上诸侯。一日脂车将发，见炕上有物，俨然乱发一卷，谬谓婢子栉发所遗，将欲委之而去。婢子曰："不然，群公所饷之物也。"询之土人，知为头发菜。浸以滚水，拌以姜醋，其可口倍于藕丝、鹿角等菜。携归饷客，无不奇之,谓珍错中所未见。此物产于河西,为值甚贱,凡适秦者皆争购异物,因其贱也而忽之,故此物不至通都,见者绝少。由是观之,四方贱物之中,其可贵者不知凡几,焉得人人物色之?发菜之得至一江一南,亦千载一时之至幸也。

  翻译成白话,大意是:菜有各种奇特的形状,而《本草》《食物志》里面都没记载的,该属陕西西边所产的头发菜了。我在那边时,曾到当地官员家中做客。一天将要乘车出发时,看见床上有东西,像是一卷乱发,误以为是丫鬟梳头掉的,正想要扔掉。丫鬟说:"那不是乱发,是送给各位大人的礼物。"向当地人询问,才知道是头发菜。浸过热水,拌上姜和醋,比藕丝、鹿角等菜还要可口几倍。我带了头发菜回去请客人品尝,无不觉得惊奇,说是从未见过的好菜。这种菜产在黄河以西,很便宜,凡是去陕西的人,都争着去买奇特的东西,却因为头发菜价钱便宜而把它忽略了,所以这种东西没有流传到大都市,见过的人非常少。由此看来,各地的便宜货中,不知有多少可贵的东西,又哪能人人都找得到呢?头发菜可以来到江南,也算是千载难得的一大幸事了。

  李渔在这里手一抖,出了个差错,不小心把《汉书·食货志》写成了《食物志》,害得我查阅了半天资料,发现古书里根本就没有《食物志》。他第一次见到发菜,还以为是一卷乱发。李渔是著名的美食家,生活于江南,这段话说明,最迟在明末清初,发菜只流行于河西一带,江南

发菜猪手

人闻所未闻。

但就是有人尝试论证吃发菜"历史悠久",说公元100年左右,苏武出使匈奴,被扣在北海(今俄罗斯西伯利亚南部的贝加尔湖一带)牧羊十九年,历尽千辛万苦,有"渴饮雪,饥吞旃"的记载,并认为这个"旃"就是发菜。按该说法,中国人吃发菜的历史有近两千年,确实"历史悠久"。

《汉书》卷五十四《李广苏建列传·苏建·(子)苏武》是这样说的:"乃幽武置大窖中,绝不饮食。天雨雪,武卧啮雪与旃毛并咽之,数日不死,匈奴以为神,乃徙武北海上无人处,使牧羝,羝乳乃得归。"用现在的话说,大意是:把苏武囚禁起来,放在大地窖里面,不给他喝的吃的。

天下雪，苏武卧着嚼雪，同毡毛一起吞下充饥，几日不死。匈奴以为神奇，就把苏武迁移到北海边没有人的地方，让他放牧公羊，说等到公羊生了小羊才能归汉。

"旃"，读 zhān，有三种意思，一是指古代的一种赤色曲柄旗，二是"毡"的通假字，三是"之焉"音的合读，相当于今人把"这样"写成"酱"，就是没有发菜什么事。这里显然是"毡"的意思，在历史上也没有争议，比如苏东坡在《次韵郑介夫二首（其一）》就有："相与啮旃持汉节，何妨振履出商音。"在《次韵孙巨源寄涟水李盛二著作并见寄五绝（其三）》又有："漱石先生难可意，啮毡校尉久无朋。"直接把这个典故中的"旃"写成"毡"，别忘了，苏东坡可是一个大美食家，如果"旃"有可能是发菜，他会视而不见？

从目前的文献看，只能说最迟在李渔生活的那个时代，即明末清初，陕西一带就有吃发菜的习惯。以前的陕西官府菜就有一道"金钱酿发菜"，这道菜的做法是：在摊好的蛋皮上先抹一层鸡肉泥蓉，摊上一层发菜，再抹上一层鸡肉泥蓉，加一层黄蛋条，卷起上笼。蒸熟后，切成 7～8 毫米厚的金钱片，装入碗中浇上鸡汤而成。在清朝至中华人民共和国成立前，大凡富商大贾举办宴席，第一道菜，多是"金钱酿发菜"，与今天老广一样，意思无非是讨个吉利，祝愿发财。至于传说把这个菜往前推到唐代京城长安商户王元宝身上，以说明吃发菜的历史最晚可追溯至唐朝，并没有可靠证据。这个这么有故事且有趣的菜，若真是唐朝就已经有了，不可能不出现在唐诗中，须知古时候的文人，大凡吃到点什么，总会哼唧几句。

在发菜的主产区青海，当地人也有吃发菜的习惯。民间的做法是炖、炒、烩或者凉拌，复杂一点就是用发菜来做蒸蛋，还有个特别好听的名字叫"黄金白银乌丝糕"。至于曾经的青海名菜"芙蓉发菜"，是由青海名厨宋发剑创制于1984年，历史并不长，做法是将鸡脯肉剁成鸡蓉，加生姜、花椒等调味品，在柔软的蛋皮上薄薄摊上鸡蓉，再铺一层发菜，卷成筒，蒸熟，改刀，放入碗中，灌入调味液，蒸五分钟，扣盘，浇上汤汁即可。据说这个菜色彩素雅，造型美观，汤清味醇，鲜香可口。

发菜是一种藻类，藻体细长，由多个单细胞个体连成长串，埋没在藻胶等胶状物质中，一经加热，这些胶状物质发生变性，就可以产生或脆或糯的口感。发菜富含蛋白质、糖、钙、铁、碘、藻胶、藻红素等营养成分，脂肪含量极少，故有"山珍瘦物"之称，倒算得上是一种健康食材，但自身味道就乏善可陈了。至于传说中的清热消滞、软坚化痰、消肠止痢等功效，我看就不一定靠谱了。

虽然发菜有不错的营养价值，但与之比起来，发菜对环境的保护才更重要。发菜生长在干旱的荒漠地区，它可以将无机碳和无机氮合成营养物质，在整个生长过程中，大面积的发菜可以起到防风固沙，有效遏制土地荒漠化的作用，甚至还能促进其他生物的繁衍，对保护自然环境有着十分重要的作用。采集发菜，是对脆弱的荒漠的严重破坏。人们在采集发菜的过程中，通常会在周边吃住，自然周边很多植物就变成了燃料，所以表面上是采集发菜，实则在破坏当地环境，往往一个采集点周边几百米都是光秃秃的一片。有专家做过统计，把16个标准足球场面积总和的草全部刨干净，才能采集到100克发菜，也就是2两，换算成收入大概也就50元。从2000年数据来看，有大约4万平方千米内蒙古草原就因为肆意采集发菜而遭到破坏，而草原一旦被破坏，就算在人为努力保护下，也要约10年才能慢慢恢复。为了保护自然环境，我们应当理性消费，拒绝吃发菜。

发菜已被禁，但市场上还有"发菜"在出售，这些"发菜"其实是羊栖菜，是藻类马尾藻科羊栖菜属的植物，也就是褐藻，也被叫作"海发菜"，真想取个好意头，吃吃这个也行，只是别当冤大头，被忽悠付出大价钱，那不是发财，而是破财。

贰 – 岭南家常　老广吃笋

竹笋

　　春天，万物复苏，蛰伏在泥土里的竹笋破土而出，春笋这种早春之际最具山岚气息的食材，散发出的幽幽香气和毫不张扬的鲜，吸引着大江南北的吃货，演绎出无数让人垂涎三尺的做法——腌笃鲜、雪菜笋丝、油焖春笋、竹笋炖鸭、笋尖烧卖、笋饺、春笋步鱼、盐煮笋、红糟焖笋……蒸煮炖炒，南北共鲜。但珠三角是个例外，菜市场上偶尔见到孤零零的几个竹笋，顾客多是省外人或潮汕人。老广是真的不吃竹笋吗？

老广也有好竹笋

　　严格来说，不是所有的老广都不吃竹笋，潮汕人、客家人和部分广府人也是吃竹笋的，而且，岭南地区不缺好竹笋。

比如佛山张槎的沙口竹笋。端午节前后，雨水充沛，就是张槎沙口笋的黄金阶段。沙口笋头大尾小，中间弯曲成烟斗状，外表金黄，内里雪白，带着淡淡的竹子清香，口感清甜，味鲜无渣。沙口村种竹子，始于明朝末期。当时北江堤围水利设施不够牢固，每逢水涨水退，江河沙子都会被冲刷到沙口村，沙口村便种起了竹子。在这些沙质地生长的竹笋甘甜爽脆，较山地竹笋更胜一筹。张槎沙口竹笋是用庐山的茅竹与本地的竹子杂育而成，具有皮黄、肉甜、爽脆的特点。从民国年间起，就有张槎竹笋及笋制品出口到中国港澳地区乃至东南亚及日本等地。1972年美国总统尼克松访华，周恩来总理特别设国宴招待，就用专机从广州

沙口笋

送张槎沙口竹笋到北京，作为国宴菜肴招呼尼克松夫妇。

竹笋的鲜嫩来源于其中的游离氨基酸和糖，当竹笋被采收5个小时后，会出现一个呼吸高峰，谷氨酸和天冬氨酸分解，竹笋鲜味锐减，糖转化为纤维，竹笋因此变老。沙口笋破土后一旦露在空气中就会变青，草酸迅速增加，口感也会变得苦涩。于是，笋农们把挖笋的时间安排在早晨5时左右，并在太阳出来前完成工作，挖出来的竹笋经过简单处理后就立即上市，厨师们也要赶着在笋壳发红发紫前完成笋的前期处理工作，才能留住笋的美味。

最能体现沙口笋风味的，莫过于白焯，将当天采摘的沙口笋用水焯熟，放凉后便可摆盘上桌，蘸上调制的酱油，脆爽的笋块在豉香味中透出淡淡清香，咸、甜、脆、爽、鲜混合在一块小小的笋片中。经典的蚝油焖笋，大块的竹笋经过焯水后，再回锅翻炒，加入蚝油微焖后调味上桌，也不会逊色于笋炒肉类。喜欢浓郁味道的食客，可以选择笋焖鹅、笋焖猪手或者笋焖牛腩，持续加热使肉类变得软糯，而被肉汁"喂饱"的竹笋则保留了爽脆清甜，味道也变得更有层次感。以笋入粥，也是张槎地道的食法，在鱼蓉粥的基础上加入被切成丝条的爽口沙口笋丝，粥香味鲜，齿颊留香。

潮州市潮安区江东镇，素有"江上绿洲"之美称，其出产的江东竹笋是潮汕地区最出名的土特产之一。不同于其他地区，潮州江东的竹笋在盛夏时最当季。这个季节的竹笋，因雨水充足而肉质肥厚，肉嫩丝少。江东镇长夏无冬，雨量充沛，土壤疏松，适宜种植麻竹，这里出产的麻竹笋，甜、嫩、脆。潮汕人爱笋,即便是用鸡汤煨笋,也把笋切成如头发般的细丝,笋丝炒粿条、清炒笋丝、笋饺、椒盐笋条、笋烙、炒笋衣、竹笋炒饭、鱼头笋丝汤,不论如何表现,都透露出骨子里的精致。

老广为什么不爱吃笋?

竹笋如此鲜美,但是,大部分广东人却不爱吃,尤其相当多的广府人,说竹笋"湿毒",是发物。矛盾的是,不吃竹笋的广府人,碰到好东西,会说是"笋嘢",遍布街上的房地产中介公司,门口都写着大大的"笋盘"吸引买房者,意为"又便宜又好"——这至少说明,粤语文化是认同竹笋的,但竹笋是什么时候被妖魔化的呢?

竹笋是非常符合现代人健康标准的高纤维低脂肪低糖食物,丰富的粗纤维能促进肠道蠕动,帮助消化,低糖低脂肪,吃后不用担心发胖,对有"三高"症状的人非常友好。它的植物蛋白、维生素和各种微量元素含量都很高,食用后可以增强身体免疫功能,加快新陈代谢。中医认为,竹笋味甘微寒,有清热解毒、补中益气的作用,可以治疗脚气、水肿等疾病。然而,老广却说它"湿毒",这是怎么回事呢?

原来,罪魁祸首是竹笋里的草酸。草酸属于酸性物质,容易刺激胃酸分泌,大量食用后可能会导致胃酸分泌过多或腐蚀消化道,从而引起恶心呕吐、胃部疼痛的情况。草酸能和食物中的钙结合而产生草酸钙,使食物中的钙质流

笋

失，而草酸钙不能被人体吸收利用，吃多了会拉肚子，长期大量摄入草酸，会导致人体缺钙。

有些人会对草酸过敏，产生皮肤瘙痒、红肿的症状。这种症状，在老广眼里就是"湿毒"的表现。

其实，会引起草酸过敏的食物不仅仅有竹笋，菠菜、韭菜、甜菜、胡萝卜、青椒、香菜、草莓等也含草酸，有些人吃这些东西也会过敏。这些极端情况并不具普遍性，引起人体不适的前提还是大量食用含有草酸的食物。老广们把这些个别案例当成普遍现象，严防死守，确实过度了。要防止草酸摄入过多，只需要把食材焯一下水，大部分草酸就跑到开水里，此时大可放心吃笋。

吃竹笋，历史悠久

老广什么时候不爱吃竹笋？估计不会太久远，但我们的老祖宗吃竹笋，可谓历史悠久。

最早以文字记载吃竹笋的是《诗经·大雅·韩奕》，里面有"其蔌维何？维笋及蒲"，大意是"席上蔬菜是什么？炒鲜竹笋和嫩蒲羹"。诗中描写韩侯一个盛大的宴席场面，竹笋是用来招待贵宾的蔬菜。

唐朝时，竹笋颇受欢迎，众多文人墨客都为它留下诗歌。白居易是典型的"笋友"，他在《食笋》中说：

此州乃竹乡，春笋满山谷。山夫折盈抱，抱来早市鬻。物以多为贱,双钱易一束。置之炊甑中,与饭同时熟。紫箨坼故锦,素肌擘新玉。每日遂加餐,经时不思肉。久为京洛客,此味常不足。且食勿踟蹰,南风吹作竹。

杜甫也是笋迷,且看他的《咏春笋》:

无数春笋满林生,柴门密掩断人行。会须上番看成竹,客至从嗔不出迎。

而史上最大的"笋粉",非大文豪苏东坡莫属,他在《于潜僧绿筠轩》说:"可使食无肉,不可居无竹。无肉令人瘦,无竹令人俗。"虽然苏东坡这里只提到竹子,没提吃竹笋,但他刚刚被贬到黄州时,就写下了《初到黄州》:"长江绕郭知鱼美,好竹连山觉笋香。"政治生涯的重大打击,在鱼香和笋香中瞬间化解,估计他的政敌看后会恨得直咬牙。

老广的竹笋,为什么是夏天的好?

竹子作为一种常绿植物,其埋在地下不见天日的部分称为地下茎,俗称"竹鞭",与其他植物根系向地下纵向延伸不同,竹子的地下茎是横向伸展,并且与地上的竹竿一样成节而生。这些密密麻麻的节段又会生出许多根和芽,而新笋的生成正是芽的功劳。竹笋有冬笋、春笋与夏笋之分,但这三种诞生于不同季节的笋子,并非由于"一年三熟",而在于竹鞭上其中一部分新芽为了获取更丰富的养分而继续横向延伸，马不停蹄地扩张出更多面积。到了气温逐渐降低的秋冬季节，不断生出的新芽只是在土壤下，外面包裹着一层厚厚的笋壳，这时笋农们会背着镐头上山，将这些肥大笋子从地下采掘出来，去掉外壳，就有了市面上售卖的冬笋。

而有些蠢蠢欲动想向上生长的新芽，会沉住气一直等到春暖花开之日。我国受季风性气候的影响，春季的降雨并不会非常到位，"春雨贵如油"。由于土壤较为干燥，许多想冲破土壤束缚的笋子在一开始生长非常缓慢，有些新芽甚至还会暂留于浅土之下而不露头，可谓"万事俱备，只欠春雨"，看起来毫无生机的笋芽只等待着一场及时雨来为自己增添冲锋动力。当天公作美，雨水如期而至，地下的笋芽一旦在土壤中吸饱水分，就会像射出的满弓之箭，以惊人速度冲破土层包裹，成了鲜美多汁的"雨后春笋"。

而在岭南地区，春雨比江南少很多，竹笋们还得继续耐心等待。直到端午节前后，岭南迎来了真正的雨季，竹笋们才破土而出，这就是夏笋。

这么好的大自然馈赠，"什么都敢吃"的老广，在它面前却警惕得很。这个湿热，那个燥热，从前遍布大街小巷的凉茶铺，广府人频频光顾。现在凉茶铺锐减，也不见老广身体有什么问题，但竹笋"湿热"的罪名已经深入人心，是不是很幽默？沈宏非老师说得好："要医好老广的各种'湿'，估计只有火葬场了！"看来，我们有必要破除成见，拥抱科学，也拥抱竹笋。

老广的猪乸菜

贰 — 岭南家常

春天的菜市场，蔬菜品种丰富，价格也降了来，春韭、生菜、春菜、荠菜、芜菁、茨菰、春笋、苜蓿、苋菜、香椿，琳琅满目，但我特别偏爱猪乸菜，盖因此时的猪乸菜特别鲜嫩，且几乎是市场最低价，一斤才两块钱，简直是白菜价。

为什么叫"猪乸菜"？

老广口中的"猪乸菜"，也叫厚皮菜、牛皮菜，又叫莙荙菜，藜科甜菜属植物，二年生草本，为喜温植物，生长的适温为 15～25℃。分布于欧美各国，在我国华南、西南、华北、西北、华东等地都有栽培。在我国南方，一年能采收这种菜八到十次；北方，则仅能采收四五次。

猪乸菜

这种菜比较常见的叫法是"厚皮菜",顾名思义,就是因为皮厚。皮厚到什么程度呢?几乎可以比肩牛皮,所以又叫"牛皮菜"。作为蔬菜,长这么厚的叶子,意味着重量的增加,植株承受如此的重量,必须有超多的粗纤维和尽量少的水分——粗纤维可以撑起植株,水分少可以减轻重量。这两点厚皮菜都做到了,成熟的厚皮菜,粗纤维高达7.4%,含水量低至15.61%,这在含水量动辄80%以上的蔬菜家族里是极低的。这个特点也决定了厚皮菜致命的缺点:不容易被人消化,木质化的口感如同在吃草。

人不吃,那就给牲口吃吧。在广东,产量极高的厚皮菜成了"二师兄"的饲料,于是有了另一个名字——"猪乸菜"。不仅仅是母猪吃,公猪也吃,但为什么独叫"猪乸菜"呢?这是因为猪乸菜富含草酸,大量草酸非常容易和牲畜肠胃里的钙物质进行转化,在体内生成大量的草酸钙。而草酸钙的生成并不利于牲畜的生长,不仅不会被吸收,还会导致拉肚子,甚至导致"二师兄"身体缺钙,而一旦"二师兄"缺钙,就非常容易跛行,甚至瘫痪。作为种猪的公猪,工作非常辛苦,脚软都不行,更不要说跛脚瘫痪,因此,人们不会让配种的公猪吃厚皮菜。这么一来二去,厚皮菜也只能被称为"猪乸菜"了。

厚皮菜,什么时候来到中国?

"厚皮菜",让人想到"脸皮厚",叫"猪乸菜",

多少有点鄙视的意思，都不好听，幸好它还有一个文质彬彬的名字——莙荙菜。这个名字，与"君子"沾边，但它是波斯语"甜菜"(choghondar)的音译。这透露出一个重要的信息：这个菜，不是我国的原产之物。

现在我们知道，厚皮菜原产于欧洲，在约4000年前，美索不达米亚平原已经有类似厚皮菜的植物出现，它可能是栽培甜菜中最早的一种类型，是从近东的滨海甜菜（muaritina）中分离筛选出来的，在公元5世纪前传入我国。那个时候，老祖宗还准确地把它叫作"菾（tián）菜"，连它属于甜菜这个大家族都说了出来。

南北朝时期陶弘景所写的《名医别录》中，就曾提到菾菜。之所以断定菾菜就是莙荙菜，依据是成书于元朝或明朝，记录了唐朝和宋朝外丹黄白术的汇集著作《庚道集》中曾提到：

硇不以多少，用莙荙菜，一名菾菜，取自然汁两碗，煮硇砂，用绢帛包，悬胎煮汁尽。去绢包，入建盏内煅，用菜滓铺头盖底，煅得滓焦黑，取硇分胎了三黄，作匮用也。

硇，读náo，是一种黄白色粉末或块状的矿物质，味辛咸，是氯化铵的天然产物，工业上用来制干电池，焊接金属。将它与莙荙菜汁一起炼丹，古古怪怪的，吃不死人算命大。这段文字明确地说了：菾菜，就是莙荙菜。陶弘景生活的年代是公元5世纪，从这些文献可以推断，最晚在那个时候，厚皮菜已经到了中国。

元代养生家，百岁时受到朱元璋接见的贾铭，在《饮食须知》里也说莙菜就是菾荙菜：

> 莙菜，味甘、苦，性寒滑，即甜菜，一名菾荙菜，道家忌之。其茎烧灰淋汁，洗衣，白如玉色。胃寒人食之，动气发泄，先患腹冷，人食之，必破腹。

说它"性寒滑"，其实是人体消化不了粗纤维，吃多了拉肚子。说它是"道家忌之"，厚皮菜草酸太多，吃多了导致缺钙，手软脚软，道家炼丹其中一大目的是"房中术"，所以"忌之"。说以厚皮菜洗衣，"白如玉色"，那是因为厚皮菜含皂素，皂素有一种本事，能一头抓住亲水端，一头抓住疏水端，洗衣服时弄点厚皮菜灰下去搓洗，水一冲，把溶于水和不溶于水的脏东西一起冲走，也就干净了。

有人说厚皮菜是古代的"葵"，这是没有依据的张冠李戴，"葵"曾经是百菜之王，就是现在的冬寒菜，虽然皮也厚，但两者相去甚远。

在潮汕，它还叫"厚合"

厚皮菜到了潮汕，还被称为"厚合"。"厚"容易理解，以外观给它定义，"合"又是怎么来的呢？我的推断，这是"页"的谐音，"厚合"者，"厚页"也。潮州市饶平县有的地方还叫它"百合",这就与百合科植物卷丹混为一名了,它的正确写法应该是"掰页"。厚皮菜很是粗生,采收时不需要整棵拔掉,只需把外面粗壮的菜叶掰下来,里面的嫩叶又会继续生长成肥大的粗叶,里面又会长出新的嫩叶,如此反复,可以收割好几个月。人们根据这个特点给它起名"掰页"。潮汕话"掰"和"百"同音,"叶"和"页"又不分,"页"做量词时,又可读为"ha^4",而"合"读为"ha^8",于是又误读误写为"百合"。所以到了我的老家饶平,如果你说想吃百合,可能上来的是一碟厚皮菜。

谐音有时误打误撞,变成美丽的错误。我喜欢的潮汕菜馆一记味觉,做蚝烙很好,但蚝是有季节的。有一天,我忽然想起小时候吃不起蚝烙时,也会用焯过水的厚皮菜

厚合烙

与番薯粉做"百合（掰页）烙"，就说尝试一下"百合烙"。一记的老板老徐和大厨林师傅都是与我一条村的，他们离家太久，根本没反应过来，却用虾仁和真正的百合做出了一道"百合烙"，虾仁的鲜、百合的甜和烙的香混合在一起，撒上炒花生粉，好吃到爆棚。一记味觉因此又多了一道名菜。

厚皮菜，怎么做好吃？

粗纤维，造成满口渣的口感，高草酸，又造成涩的口感，这样的蔬菜，自然不受待见。但在营养过剩的年代，粗纤维有利于排毒排便，不被身体吸收就不会导致肥胖，这时，厚皮菜的缺点变成了优点。当然了，满口渣还是令人不舒服，那就在择菜时把外面纤维粗的部分撕掉，或者直接取厚皮菜嫩叶。现在菜市场的厚皮菜，就是整棵的嫩厚皮菜。至于去除草酸，可以焯水，也可以通过重油去除涩的口感。

我在四川吃过厚皮菜，基本上是炒回锅肉的做法，香是特别香，但如此油腻，若还希望厚皮菜到肚子里"割油"，就幽默了。好酒好蔡餐厅有一道"炖厚合"，用冬菇丝和上汤慢火把厚皮菜煮烂，一点都不油腻，好吃！芳村南围大排档用豆豉鲮鱼或豆豉炒厚皮菜，也做得软韧不油腻。这两家店一个阳春白雪，一个下里巴人，但都通过持续加热破坏厚皮菜的粗纤维，改善口感，而且选择嫩厚皮菜，草酸不会太多，不焯水也不会太涩，还可以将厚皮菜的芳香物质和山野之味留住，妙极！

厚皮菜是二年生草本植物。在生命的第一年，它的任务是丰富自身内部的营养，供人和牲畜食用，当冬天来临时，厚皮菜会以地下茎的形式度过。到了植物生涯的第二年，厚皮菜才开花、结果，而后植株衰老死亡，只留下种子来繁衍后代。

听上去好悲伤，不过自然轮回就是如此，正因为生死交替，才生生不息。大自然如此，我们人类也一样。

且行且珍惜！

风味岭南

沙虫和泥钉，你是何方神圣？

沙虫，又叫方格星虫

南方的10月，秋意渐浓，餐桌上的海鲜，多了些样子可怕，但味道鲜美的沙虫和泥钉。这两种东西，味道相似，样子也有点像，有人说这两种东西是一个物种，长在沙滩的叫沙虫，长在滩涂的叫泥钉，这是真的吗？

沙虫

沙虫学名方格星虫，部分地区也称其为光裸星虫或沙肠子等，生活在沿海滩涂一带沙泥底质的海域，并不是生活在沙滩里。它涨潮时钻出，退潮时潜伏在沙泥洞中，故名沙虫。它长10～20厘米，体表光亮无毛，一般为亮肉粉色，管状的体壁上纵肌和环肌相互交错，形成方格网格状纹路，故名方格星虫。沙虫在我国主要分布于福建、广东、广西、海南和台湾沿海，尤以广西北部湾北海市出产的最为著名，因此也被称为"北海沙虫"。沙虫在低温季节会潜入泥沙中，只有每年的5～10月才会在滩涂上现身。

沙虫的鲜美滋味源于体内富含的多种氨基酸，沙虫干体氨基酸含量高达60%，尤以谷氨酸的含量最高，占干重的15%～20%，简直就是天然的味精。沙虫凭借其绝美的味道和脆嫩的口感被众多食客所推崇，做法很多，清蒸、爆炒、煮汤、熬粥、椒盐、油炸均可。我在炳胜公馆吃过一道菜，用沙虫、鲜鲍鱼切丝与大头冲菜一起蒸，咸鲜味调和得恰到好处。沙虫晒干后便于保存，用来做汤味道也是一流，但最好先放在锅里干煸一下，高温让干货里的蛋白酶活跃起来，将沙虫的蛋白质分解为鲜味的氨基酸，再泡发去沙，泡发的水不要倒掉，澄清去沙后再当汤用，鲜美得很。

聂璜在《海错图》中称沙虫为"龙肠"，说它是"无毛之螺虫也，生海涂中，长数寸，红黄色，如蚯蚓，缩泥中"。这个描述很恰切，可谓观察入微。注意，是"生海涂中"，不是生海沙中。那么，怎么做好吃？聂璜进一步说"煮为羹，味清肉脆，晒干可以寄远"，看来清初已经有人吃沙虫干了。江门的三辣蟹馆，前菜有一道炸花生米沙虫干，一香夹一鲜，是上等的下酒菜。

泥钉

星虫动物门里的可口革囊星虫,现在一般称为弓形革囊星虫,就是泥钉。泥钉栖身于沿海滩涂约10厘米深的泥沙中,种群密度较大,每平方米多的有百余条,这也是福建人将之称为"土笋"的由来。它们身体呈管状,直径如手指一般,长6~10厘米,比沙虫短近一半。体表灰褐色或浅黄褐色,周身遍布不完整的钩环,吻部细长如火柴梗,可以自由伸缩和膨胀,末端生有密集的深色乳状凸起。如果说沙虫长得像蚯蚓,那么体形更短更粗的泥钉就更像蛆。

与沙虫不同,泥钉富含胶原蛋白,福建人把它这一优点发挥到极致,做成了著名的土笋冻:将鲜活的泥钉(即

泥钉,又叫弓形革囊星虫

土笋）放入清水中浸泡，待其吐净泥浆后，铺在石板上碾压破肚，接着洗去残余的杂质，再放入锅中加清水猛火煮片刻，最后连同土笋和汤汁，舀起倒入碗中，冷却成形即可。土笋富含胶原蛋白，经过如此这般的捣鼓，胶原蛋白分解为明胶，在25℃时凝固，这就是土笋冻了。土笋冻色泽晶莹剔透，口感鲜弹爽滑，透着一股淡淡的清鲜，配上酱油、甜辣酱、陈醋、芥末或蒜蓉同食，就是风靡厦门的街头小吃。

泥丁还适合凉拌、做成汤或是和韭菜花一同清炒，这是湛江、台山一带常用的做法。这些烹饪方法都要把虫子的内面整个翻出到外面来，方便清洗，内部纵条形的肌肉外翻，与泥丁活着时样子完全不同，没那么恐怖了。凉拌泥钉，将泥钉用开水焯一遍，淋上香油，撒上蒜碎，入口鲜脆有嚼头，还真对得起"可口革囊星虫"这名称的"可口"二字。台山有一道名菜泥钉萝卜丝，鲜得令人咂嘴，我在海珠区南泰路的汶村海鲜餐厅吃过。

聂璜在《海错图》里也专门画了泥钉，说"泥钉，如蚓一段而有尾"。他说沙虫"如蚯蚓"，说泥钉"如蚓一段"，观察到泥钉比沙虫短，这很准确，说泥钉"有尾"，这个观察也很细致。泥钉的肉虫子身体确实拖着一段细细的"尾巴"，这是泥钉与沙虫的一大区别。不过，聂璜与我们大部分人一样都搞错了，这段貌似尾巴的东西，其实是泥钉的头部，粗的那端反倒是尾巴。他还说"海人冬月掘海涂，取之，洗去泥，复捣敲净白，仅存其皮，寸切炒食，甚脆美"，这是炒泥钉。他又接着说"细剁，和猪肉熬冻，最清美"，这就是土笋冻了，比现在的土笋冻更讲究，还用猪肉一起熬成肉冻，更加鲜美。泥钉生长对环境的要求甚为严格，稍有污染就无法生存，不像沙虫已经可以人工养殖，泥钉目前皆为野生。不良商贩用沙虫冒充泥钉做土笋冻，但沙虫胶原蛋白不足，无法凝固成冻，于是他们往沙虫汤里加食用明胶，也就凝固成冻了，不懂分辨的人，还真吃不出来。

泥钉与沙蒜

聂璜把泥钉和土笋冻说清楚了，福建人民应该感谢他，但他不是提及土笋冻的第一人。第一个提到土笋冻的，是清初顺治朝的"福建通"——当过福建布政使，诗文、金石、书画俱佳的文学家周亮工。这位官声颇佳，文学造诣更是了得的河南人，创作了用轻松文笔写市井见闻的笔记小说《闽小记》，其中就第一次提及土笋冻：

予在闽常食土笋冻，味甚鲜异，但闻其生于海滨，形类蚯蚓，终不识作何状。

周亮工没见过活着的泥钉，不知道泥钉长什么样，接下来他继续说：

后阅宁波志，沙噀，块然一物如牛马肠脏，头长可五六寸许，胖软如水虫无首无目，无皮骨，但能蠕动，触之则缩，小

沙蒜

如桃栗，徐复臃肿，其涎腥，杂五辣煮之，脆美为上味，乃知余所食者即沙噀也，闽人误呼为笋云，予姻有肥而无骨者，子以沙噀呼之，众初不解，后视此咸为匿笑，沙噀性大寒，多食能令人暴下，谢在杭作泥笋，乐清人呼为沙蒜。

他从《宁波志》中看到的描述，"块然"就是一块块，"触之则缩，小如桃栗，徐复臃肿"，意思是触碰到会缩成桃子或板栗的样子，然后又会放大恢复臃肿，这明显不是泥钉，而是海葵。海葵是无脊椎动物，属于刺胞动物门、珊瑚纲，是单体、两胚层的低等动物，按生长环境不同，分为泥沙岸海葵与岩岸海葵，海葵是学名，也叫沙噀（xùn）或沙蒜，著名的台州沙蒜，就属于泥沙岸海葵。它有一个很梦幻的名字——中华仙影海葵，栖息在海涂下吞食泥沙，从中吸取营养物质,全身满是泥沙,呈青黄色,外形像蒜头,沙蒜之名就是这么来的。周亮工张冠李戴,把泥钉当成沙蒜,还说"乃知余所食者即沙噀也,闽人误呼为笋云"。其实不是福建人搞错了,是他自己搞错了。土笋就是泥钉,沙噀或沙蒜就是海葵,宁波人也没有搞错,连周亮工自己都说"乐清人呼为沙蒜",不仅以前是这样叫,现在大家也是这么称呼的。

沙虫与海肠

聂璜在《海错图》里说到沙虫,称其为"龙肠",同时还提到另一种东西,"似龙肠而粗、紫色,味胜龙肠",这个东西就是海肠。

样子可怕的沙虫和泥钉都产自南方海域,我国北部沿海也出产鲜味不输沙虫和泥丁的海肠,海肠属于环节动物门,但体表没有完整的环节,正式中文名叫作单环刺螠(yì)。

海肠主要分布于朝鲜半岛周边及黄海、渤海海域的潮间带,我国胶东半岛居民称它为"海鸡子"或"海地瓜"。开春之后的海肠最为肥美,在山东烟台、威海一带市场上十分常见,在日本和韩国,海肠也深受人们的喜爱。海肠整体呈长圆筒状,身形肥厚,体长10~30厘米,直径约3厘米。烹煮海肠,用剪刀将海肠两端带突刺的部分剪掉,然后挤出内脏,冲洗干净后便只剩一根富含弹性的肉管了。烹调方法多种多样,我在青岛和威海吃过"海肠炒韭菜",

鲜香俱佳。这道菜还是一道吉祥菜，有着"长久余财"的美好寓意，"长"指的就是海肠，"久"便是韭菜。另一道非常有名的家常菜就是"海肠馅饺子"，馅料由猪肉、海肠丁、鸡蛋和韭菜做成，口感脆弹饱满，鲜香多汁。当然了，海肠还有其他做法，比如撸串的烤海肠、麻辣海肠等等。

海洋的世界丰富多彩，古人受条件所限，弄错情有可原，现代人资讯发达，可以做得更好，吃好之时也吃个明白，如此，方为舒爽。

本文内容参考：张辰亮著《海错图笔记》

塘葛菜煲生鱼

老广的老火靓汤,是粤菜的灵魂,各种功效靠不靠谱另说,但美味无比却是不争的事实。租金、人力成本上升,餐厅不得不提高客单价的今天,这些老火靓汤逐渐离开餐厅,其中,就包括了塘葛菜煲生鱼。

美味的塘葛菜煲生鱼汤

将生鱼剖肚去内脏,刮鳞洗净,煎至两面略为焦黄,猪腿肉连皮带骨焯水,鲜塘葛菜洗净,姜两片,陈皮 1/3 个,蜜枣两个,少量食盐,一起放瓦煲内,加适量清水,大火烧开五分钟,再转中火煲三个小时就可以了。广府人坚信,塘葛菜煲生鱼汤有滋阴清热、健脾利水的功效,对风湿骨火、熬夜上火或食煎炸过多而引起的口舌生疮、咽喉肿痛,小便不利而引起的水肿都有食疗作用。

撇开功效不讲,这个汤鲜甜甘香齐备,鱼肉贡献了核苷酸,猪肉贡献了谷氨酸,两者的组合具有相乘效应,把鲜味提高了 20 倍;塘葛菜贡献了甘,蜜枣贡献了甜,陈皮贡献了香,经过油煎的生鱼发生了美拉德反应,大分子的蛋白质分解为充满鲜味的氨基酸;姜里的硫化物遇热挥发,顺便把造成腥味的三甲胺带走,所以不腥。经过长时间炖煮,连皮带骨的猪腿肉软糯细绵,不肥不腻,又香又甘,蘸上一点辣椒圈酱油,简直可以当成另一道菜。好喝好吃还可能有功效,所谓的美好,不过一碗塘葛菜生鱼汤。

塘葛菜

塘葛菜,你是谁的菜?

老广说的塘葛菜也叫蔊菜,为十字花科蔊菜属植物,生于较湿润的田边、路旁、水沟边或农田中。在珠三角的水塘边,常常可以看到它的身影,故它姓塘名葛菜。在上海,它还叫江剪刀草,因嫩芽似剪刀而得名。在江苏一些地方,它还被叫香荠菜,是因为味道比荠菜香。在浙江,它叫野油菜,外表确实与油菜相似。到了四川,热情的四川人民给它取了诸多外号,干油菜、野菜子、天菜子,认为这是上天对人类的馈赠,喜爱之情溢于言表。至于台湾,人们把它叫作葶苈,就有点让人摸不着头脑了。看来这个菜曾深受欢迎,只是食用方法不一样,老广吃它,连根带叶,越老越有功效,广东之外,吃的是它的嫩芽。

蔊菜的记载,最早始于李时珍的《本草纲目》,说它"味辛辣,如火蔊人",故名"蔊菜",又称"野油菜",5~7月采收,鲜用或者晒干入药。蔊菜在《本草纲目》中被描述道:"野人连根、叶拔而食之,味极辛辣。"这么一对照,老广真是妥妥的"野人"了。其实,老广也只是拿蔊菜来煲汤,老蔊菜又苦又涩的味道,并不适合直接食用,即便是在广东以外的地区,蔊菜嫩叶也很少有人直接炒来吃,因为这样味道过于呛人。稍稍经过一些简单处理,那股呛人的味道便会消失,只留下一股清香,比如凉拌蔊菜:将蔊菜洗净、焯水、切碎,用开水煮少量的粉丝、切小细段,加入切好的蔊菜,再加入小虾皮,根据个人的口味用适当的调料拌匀,可辣、可麻、可清淡。

🔹 蔊菜的功效，靠谱吗？

蔊菜与油菜同属于十字花科植物，春天都开黄花，也是一年生草本，茎多分枝，常为杂乱状，只不过不属于同一属而已。蔊菜以全草入药，唐朝的陈藏器在《本草拾遗》中说它"除寒冷气，腹内久寒，饮食不消，令人能食"。李时珍说它"味辛，性温，无毒；利胸膈，豁冷痰，治心腹痛。蔊菜细切，以生蜜洗拌或略淘食之，爽口消食，多食引发痼疾，生热"。归纳起来就是助消化、驱寒、镇咳祛痰、治心腹痛。古人的这些说法靠谱吗？

查《全国中草药汇编》，有蔊菜的记载：性味归经甘、淡，凉。清热解毒，镇咳，利尿。用于感冒发热，咽喉肿痛，肺热咳嗽，慢性气管炎，急性风湿性关节炎，肝炎，小便不利；外用治漆疮，蛇咬伤，疔疮痈肿。

从蔊菜的成分看，它含有丰富的维生素、蔊菜素、蛋白质、胡萝卜素及多种矿物质，同时含有黄酮类化合物等植物化学成分，具有较高的膳食价值。其中的蔊菜素有镇咳、祛痰、抗菌的作用。

🔹 蔊菜，曾经是朱熹的菜

南宋林洪的《山家清供》记录山野物产做成的菜肴，

其中就有一道"考亭荠",考亭,就是大名鼎鼎的朱熹。林洪说"考亭先生每饮后,则以荠菜供",看来是把荠菜当成解酒神器了。明代宋应星的工艺百科全书《天工开物》里收录了朱熹的十三首咏蔬菜食品的诗,即《次刘秀野蔬食十三诗韵》,其中第七首吟咏荠菜:

> 小草有贞性,托根寒涧幽。
> 懦夫曾一喂,感愤不能休。

这首诗赞誉荠菜有"贞性",在寒冷的溪涧中悠闲自在,即使是懦夫,咬上一口荠菜,也会变得慷慨激昂,振作起来。朱熹说荠菜有性情,就如毛主席说不吃辣椒不革命。

林洪还提到黄庭坚孙子以沙地种荠菜的方法,说"生临汀者尤佳"。这就让人费解了,"汀"是水边的意思,荠菜一般都长在水边,这好理解,但为什么种在沙地呢?直到看到南宋进士洪舜俞在《老圃赋》中说"荠有拂士之风",我恍然大悟,原来,荠菜作为十字花科植物,开的花也如油菜般鲜艳,野生的荠菜只有几株长在一起,形成不了规模,而黄庭坚的孙子在沙地上成片种荠菜,花一开,沙地荠菜由于基础松软,如油菜花一般,一片又绿又黄的海洋随风摇摆,那种景象,想想都美妙无比。

种个菜,还种出诗情画意,这种风雅,不是一有时间就刷抖音和其他视频软件的今人可以理解的。

贰 — 岭南家常

再说茄子

广州的肉菜市场,一年四季都有茄子卖,北方的圆茄,南方的长茄,白的青的紫的都可以见到。茄子是喜温植物,即便冬天,海南也可以种植,再加上温室大棚,让大家餐桌上随时有茄子。

◆ 老广的秋茄,为什么好吃?

尽管一年四季皆有茄子,但对老广来说,秋茄才是夏天的时令菜,尤其是佛山盐步秋茄。正宗的盐步秋茄,以细、长为美,每根长6～8寸,顶部带帽,尾部会弯弯翘起,呈现出独一无二的J形,故也有"观音手指"的美誉。盐步秋茄,至今已有三百多年的种植史,最早在一片二亩地的黄皮园种植。不过,随着城市发展,这片黄皮园早已不见了,但盐步秋茄皮薄、籽少、嫩滑、清甜、无筋的特点,附近地方出产的秋茄也还可以保留。皮薄无筋,就是纤维细,吃起来便细腻嫩滑。春夏之交,珠三角昼夜温差大,有利于茄子糖分的积聚,茄子含糖量高,吃起来就有清甜的味道,这些就是老广的秋茄好吃的原因。

秋茄,顾名思义应是秋天吃的,但老广却是夏天吃,这是南北气候差异使然。茄喜高温,种子发芽适温为25～30℃,幼苗期发育适温为白天25～30℃,夜间15～20℃,15℃以下生长缓慢,并引起落花,低于10℃时新陈代谢失调。民间有"立夏

秋茄和白茄

栽茄子,立秋吃茄子"的说法,这适用于北方。到了珠三角,气候不同,茄子的种植时间也完全不同,基本上在春节后就播种,农历四月便进入了秋茄的产季,到了端午前后便是品尝秋茄的最佳时机,秋天后便下市了。不过,现在种植技术提高,已可以将产季延迟至12月,只是秋茄的味道和口感,还是以夏天为佳。

茄子的品种繁多,《中国蔬菜品种志》中所列的茄子种子资源就有220份,各省常见的茄子就超过50种。植物学上,茄子只分为圆茄、长茄和矮茄三类。决定茄子好不好吃的主要因素是挂果时昼夜温差的大小,温差越大,茄味越浓,也越甜。茄子的质地,主要由茄子的老嫩决定。至于茄子的颜色,主要有白色、绿色和紫色,颜色越深,说明花青素含量越高,抗氧化的功能越好。

茄子,你是何方神圣?

已知茄子的发源地在印度,从出土文物上考证,五千年前印度河谷的先民就采集茄子作为食品,两千年前的梵文文献就有人工种植茄子的记载。我国文献记载出现茄子,已是西汉末年的时候。西汉时期辞赋家,汉宣帝时的谏议大夫,四川资阳人王褒曾在成都投宿亡友之妻杨惠家中。他使唤杨家一个叫"便了"的家童去街头店铺给自己买酒,但遭到拒绝。家童说杨氏买他时约定,他的工作范围只是看家,没有沽酒的任务。王褒一怒之下从杨惠手里买下这个家童,并订立契约,约定家童要负责采购酒菜,其中就有"种瓜作瓠,别茄披葱"的字句。这是最早提到"茄"的文献,估计茄子当时在四川已经比较常见。与王褒齐名,并称"渊云"的成都人扬雄,在夸赞家乡的《蜀都赋》中说"盛冬育笋,旧菜增伽",这个"伽",也指茄子。茄子在成都出现,可推断其传播路径应该是从印度到西藏,再从西藏传到四川。

"茄"是一个形声字,从草,加声。从发声来推测,茄子更像是来自印度。在王褒、扬雄写过茄子后的三百多年,晋朝的广州刺史嵇含撰写了关于两广及越南植物的《南方草木状》,里面提到"茄树。交、广草木,经冬不衰,故蔬圃之中种茄"。嵇含是安徽人,"竹林七贤之一"嵇康的侄孙。这个北方人，说交州和两广的茄子"经冬不衰"，大概是因为他在北方见过"经冬衰"的茄子，否则没必要大惊小怪。从西汉的王褒到晋的嵇含，三百多年的时间，足以让茄子从四川走向中原大地。说北方的茄子是从广东往北传过去的，缺乏依据，倒是老广的这种长条形茄子，究竟是来自四川，还是从东南亚传入，可以考究一番。

茄子，你为何叫"落苏"？

广府人把茄子叫"矮瓜"，把茄子归入瓜类。种植瓜类一般要搭高棚，以利瓜藤攀爬挂果。与其他瓜比，茄子结果时确实矮，叫"矮瓜"，没毛病。但到了潮汕，它居然叫"力苏"。这是"落苏"的异音，源于江苏、浙江、上海与安徽一带的部分地区对茄子的俗称。"落苏"是吴语方言词，吸油的茄子，味道与牛羊奶做成的"酪酥"很像，所以从"酪酥"变成"落苏"。这个叫法从江浙沪传到福建，再传到粤东一带，就变成了"力苏"。有传说提到茄子改叫"落苏"，可能是吴王阖闾有腐腿儿了，为避讳而改名。对于这一说法，陆游在《老学庵笔记》卷二说："《酉阳杂俎》云：'茄子一名落苏。'今吴人正谓之落苏。或云钱王有子跛足，以声相近，故恶人言茄子，亦未必然。"看来这个说法已经存在了上千年，但这个钱王，是五代十国时的钱姓吴越国的吴王，不是春秋时的吴王。陆游不相信，所以说"亦未必然"！给美食做考据，态度必须严肃，各种民间传说，不能轻易采信，这一点，陆游做出了榜样。

茄子，如何做更好吃？

把茄子叫作落苏，听上去就旖旎多姿，像书香门第的小姐的名字，都不好意思红烧乱炖，须烹制成清雅精致的小菜，才不枉此名。袁枚在《随园食单》中提到的"茄二法"，指的是吴小谷家和卢八太爷家的做法，都属于粗暴型的红烧系列，而袁牧自己的做法是"蒸烂划开，用麻油、米醋拌"，倒是清雅得很，所以他接着说"夏间亦颇可食"。夏天，大家的胃口偏向清淡，来个《红楼梦》茄鲞这类浓油赤酱的茄子，确实不合适。

老广侍候起秋茄，颇得袁枚的精髓，是最经典的清蒸做法，浇上上好的酱油和油即可。这种吃法保留了秋茄完整的风味，一点点酱油激发了秋茄的鲜味，将秋茄的味道发挥至极致。又嫩又甜的秋茄，如同春天的白芦笋，是不可多得的季节风物。也有升级版的"银鱼蒸秋茄"，将秋茄码放得整整齐齐，加入银鱼干一同蒸熟，然后淋上酱油，加一点点姜丝和葱花。银鱼的鲜味和秋茄完美结合，在酱油的助攻下，让人胃口大开，这时必须来碗大米饭。鱼肠煮秋茄则是珠三角老广共同的家庭记忆，最为便宜的鱼肠经过清洗、油煎，既去腥又增鲜，和秋茄一同焖煮，这是纯正的老广的味道。

茄子内部细胞之间有众多细小气穴，构造松软，这对

风味岭南

大林苑茄煲

厨师来讲有两大挑战：一是一煮就缩小，难以搭构造型；二是遇油吸油，相当油腻。在提倡少油少盐的今天，各种红烧茄子的做法，就有些不受待见。北朝贾思勰《齐民要术》卷九"素食"第八十七提供了解决方案：

> 焦茄子法：用子未成者，子成则不好也。以竹刀骨刀四破之，用铁则渝黑。汤煠去腥气。细切葱白，熬油令香，苏弥好。香酱清、擘葱白与茄子俱下，焦令熟，下椒、姜末。

"焦"读 fǒu，煮的意思，先用"汤煠去腥气"，"汤"指热水，"煠"（今多写作"炸"）读 zhá，有焯水的意思，用热水焯一遍，茄子受热，结构发生塌陷，松散的构造变得紧实，再用葱油、酱油、葱白"焦令熟"，这样茄子就不会吸油，没那么油腻，最后再下花椒和姜末。这道菜，可以取名"贾思勰麻香茄子"，哪个餐厅有兴趣拿去做，估计销路不错。茄子切开后，茄子里的酚类物质和多酚氧化酶在氧气的参与下发生化学反应，颜色由白色变为褐色。如果用刀切，这种褐变会因为铁的参与而更加明显，贾思勰强调要用竹刀、骨刀切，高明啊！

🥢 茄子，没点油荤也不行

我们现在不喜欢油腻的烧茄子，是因为物质丰富了，大家营养过剩。但茄子含茄碱，有苦涩味，油脂不够也不好吃。清代程世爵撰写的文言笑话集《笑林广记》中有一则故事，说一位教书先生，东家一日三餐提供的都是咸菜，东家菜园中长有很多又肥又嫩的茄子，却从来舍不得给他吃。先生忍无可忍，题诗抗议："东家茄子满园烂，不予先生供一餐。"东家知道后，顿顿供吃水煮茄子，这位先生吃怕了，却又有苦说不出，又续诗曰："不料一茄茄到底，惹茄容易退茄难。"

水煮茄子，没有点油荤，味道肯定不好，再说了，再好吃的东西，天天吃，谁受得了？这个道理，不独适用于茄子。

贰 — 岭南家常 红豆沙

不论是中餐还是西餐，一餐正式的宴席，压轴的都是甜品。营养过剩年代，大家对糖避之不及，可甜品一上来，有人把之前的"畏糖情绪"仿佛忘得一干二净，有人即便是提高了警惕，也拒绝不了甜品的诱惑，先是心怀愧疚地吃两口，终究还是忍不住，破罐破摔式地把碗底吃个精光。

说到底，痴迷于甜是人的天性。人体不能缺糖，它为我们提供热能，每克葡萄糖在人体内氧化产生4千卡能量，人体所需要的70%左右的能量由糖提供，所以低血糖会让人天旋地转，没法正常活动。糖还是构成人体组织和保护肝脏功能的重要物质，糖多了会得病，糖少了会要命。人体需要糖，所以味觉感受器捕捉到甜味，会通过神经系统传达到大脑，分泌多巴胺，产生愉悦感，所谓的"欲罢不能"，就是这么一个过程。

在所有甜品中，我除了喜欢潮汕的芋泥，还特别喜欢粤菜的红豆沙。绵密细腻的口感，似有若无，甜中有香的风味，饱满丰盈，无须咀嚼，一碗下肚，被酒精蹂躏过的肠胃，顷刻间得到了抚慰。这时各自道别，起身回家，就是一日操劳最后的一个休止符。

别小看这碗红豆沙，把红豆熬至起沙，这里面的功夫多了去了。《世说新语》就讲了这么一个故事：

> 石崇为客作豆粥，咄嗟便办；恒冬天得韭蓱齑。又

牛形状气力不胜王恺牛，而与恺出游，极晚发，争入洛城，崇牛数十步后迅若飞禽，恺牛绝走不能及。每以此三事为扼腕，乃密货崇帐下都督及御车人，问所以。都督曰："豆至难煮，唯豫作熟末，客至，作白粥以投之。韭萍齑是捣韭根，杂以麦苗尔。"复问驭人牛所以驶。驭人云："牛本不迟，由将车人不及，制之尔。急时听偏辕，则驶矣。"恺悉从之，遂争长。石崇后闻，皆杀告者。

说的是石崇与王恺斗富斗智的事，石崇家宴客，给客人做豆粥，不一会儿就做好了，"咄嗟便办"。"咄嗟"，本意是"叹息"，引申为犹呼吸之间，谓时间仓卒、迅速。豆子煮烂需要耗时良多，石崇怎么做到很快就上桌的呢？这令皇帝的舅舅王恺十分"扼腕"，百思不得其解，于是"密货崇帐下都督"，收买石崇的管家，石崇的管家把秘密和盘托出：豆子是早就煮熟的，有客人来，把米和豆子再煮一下，当然就快了。王恺得到了这个秘方，"悉从之"，照抄作业，扳回了一局。石崇知道后，把告密的管家杀了。

豆子难煮，这个问题同样困惑着法国人。1838年出版的《巴黎厨师》，里面有这么一段话："豆类、豌豆、扁豆跟其他许多蔬菜，只有在非常清澈、较轻的水才会煮得好，河水或溪水是最好的，井水则完全不值一提。在只有井水的地方，还可以在水中加入一点苏打粉，将粉末完全溶在水里直到水不再混浊，这时会形成一些沉淀，我们取上面清澈的部分，这样的水就变成适合烹饪豆类和蔬菜了。"

陈皮红豆沙

石崇的技巧其实没什么技术含量，相比之下，一百多年前法国人的方法就有些技术了。豆子之所以难煮，是因为豆子的细胞壁是一层坚硬的果胶，"较轻的水"是指谁含碳酸钙少，相反，"较硬的水"（比如井水）含碳酸钙，钙离子带有二价正电，会跟果胶结合，把果胶连在一起，强化了它们的结构，所以很难煮烂。往水里加小苏打，就是碱性水，碳酸氢钠使果胶中的羧基把氢离子释放出来而带负电荷，彼此带负电荷的果胶分子互相排斥，豆子坚硬的果胶分崩离析，也就更容易煮烂了。

把红豆煮至"起沙"，实质上就是豆子里的淀粉小微粒跑了出来。除了用碱性水煮豆外，也还有其他捷径，比如提前十几个小时用水泡豆，也可以破坏豆子坚硬的果胶层。另一个方法是物理性破坏，把豆子煮至破壳后，取出豆子用粉碎机打碎，再用滤网过滤，取得细微的淀粉小颗粒，再放进豆汤里煮一下，也可以获得"起沙"的口感。不过，这种做法红豆味会有点欠缺，因为红豆的味道有相当一部分在红豆皮里，滤网过滤了还不够软烂的红豆皮，也就给红豆沙的风味做了减法。红豆有些涩的口感，是因为红豆皮含有单宁，甜味可以改善涩感，这也是红豆沙甜品受欢迎的原因。

熬一碗合格的红豆沙，耗时耗工，在效率优先的今天，用几个小时去侍候一碗红豆沙，显得不合逻辑。对餐厅来说，一碗红豆沙，又卖不出好价钱，所以这个甜品少有人推出，即便有，一般也是和什么"二十年陈皮"一起，来个"二十年陈皮红豆沙",卖出高价。陈皮是个好东西,问题是,卖给我们这么贵的二十年、三十年陈皮,如何证明它的年份?为什么是二十年而不是十九年、二十一年?如果是二十一年的,你会打二十年的招牌还是打三十年的招牌?对普通消费者来说,无法证明年份的陈皮,商家不往高年份里说,那是对不起他自己。我在上海的粤菜餐厅"广舟"吃过的陈皮红豆沙,他们就打着"远年陈皮"的旗号,不忽悠人,这十分难得。喜欢红豆沙的我,每次见到什么二十年、三十年陈皮红豆沙,就联想到这里面包含的智商税,就连喝着的红豆沙,也觉得是搅拌机搅拌出来的。连陈皮的年份都可以随口而出,还能指望这样的餐厅认真地熬煮红豆?

  一碗好的红豆沙,包含的是时间和耐心,认真做红豆沙又不用年份陈皮骗人的餐厅,值得我们花相应的价钱为它埋单。这个世界本不复杂,若诚信出了问题,问题便如煮红豆般难搞。

风味岭南

狗母鱼、蝘虎鱼和笋壳鱼

高端餐厅的趋势是寻找高端食材,毕竟要让客人付出高价,不好用寻常食材糊弄人。最近在几个餐厅吃到一种油炸小鱼,餐厅坚称为"小笋壳鱼"。在餐厅,大笋壳鱼一斤卖到二三百元,小笋壳鱼再便宜,血统也是高贵的。但常识告诉我,笋壳鱼主要靠人工养殖,将小鱼拿来吃,这违反生意逻辑,更大的可能是,这些鱼不是"小笋壳鱼",而是与笋壳鱼同属虾虎亚目的蝘虎鱼,或者是属于狗母鱼亚目的狗母鱼。这三种鱼个体小的时候有点像。

狗母鱼

狗母鱼,拉丁学名 Synodontidae,仙女鱼目狗母鱼亚目的一个科。在太平洋、印度洋海域有广泛分布,是沙地上的主要底栖肉食性鱼种,有时亦会在礁沙混合区生活。栖息深度由沿岸浅海域至 4500 米的深水域。有的鱼种体表花纹在沙地上是很好的伪装,常在沙地上停滞不动或将身体埋入沙中,仅露出眼睛,伺机捕食水层中之小鱼或甲壳类。这些特征都很像蜥蜴,所以它的英文俗名也叫"蜥蜴鱼"。

为什么叫它"狗母"?这个暂时还搞不清楚。其实它还有一个更文雅的名字——鲨鮀。郭璞在《尔雅·释鱼》中就说鲨鮀"今吹沙小鱼,体圆而有点"。汕头市又叫"鮀岛",这大概可以想象,以前的汕头海滩,盛产鲨鮀鱼。

这种专吃小虾、小鱼和甲壳类的狗母鱼,肉质松软、骨头也比较多,鱼味寡淡,被归入劣质鱼的行列,价钱也一向低廉,市场价一斤三十元左右。烹煮上,油炸后骨头酥脆,鱼肉经过高温发生美拉德反应,大分子蛋白质分解为小分子氨基酸,倒是又鲜又香。还有一种做法,就是用大量的盐、酱油、酸梅和糖一起慢火久煮几个小时,至骨头酥软。这种方法潮汕话叫"炣狗母",又咸又有点酸甜的狗母鱼,用来和白粥搭配,是很好的"杂咸"。

 虎鱼

被福建人誉为"一鱼顶三鸡"的蟳虎鱼,学名中华乌塘鳢,是塘鳢科、乌塘鳢属的一种鱼类。乌塘鳢大多栖息于滩涂的洞穴中及河口或淡水内,摄食小型虾蟹类,分布于印度洋北部沿岸至太平洋中部波利尼西亚群岛,北至日本,南至澳大利亚。中华乌塘鳢分布于华东和华南沿海滩涂及淡水水域,现在已经实现了人工养殖。

之所以叫它蟳虎鱼,与它吃螃蟹这一技能有关。我们老祖宗给鱼命名的方法很有趣:如果这种鱼吃什么,就叫"它什么虎",吃虾的是虾虎鱼,吃螃蟹的就叫蟳虎鱼。蟳就是螃蟹。聂璜在《海错图》中将蟳虎鱼这一特殊技能描述得十分神奇,过程大概是:黑绿色的蟳虎鱼,常常会掠过海中的岩石,来寻找其中是否有石蟳(指的是栖息于

蝠虎鱼

石缝隙或礁石区域的螃蟹）藏匿。一旦发现猎物，蝠虎鱼便会用尾巴来抽那缝隙里的石蟳，以便激怒这满身甲壳的敌人。待石蟳上钩，伸出大螯钳住鱼尾巴时，蝠虎鱼便会拼命摇尾巴，将敌人赖以为生的武器生生拗断。蝠虎鱼这样做的原因是自己的尾巴很薄，即便被钳住也只是留下伤痕而不至于有生命危险。等到石蟳无爪，蝠虎鱼就冲进缝隙里从蟹爪折断的地方将蟹肉吮吸一空。

一条鱼有如此缜密的智慧，让聂璜佩服得五体投地。于是他感慨，人的技术啊，都是从学习中得来，而大自然造物的智慧，全都是老天爷的赏赐，并欣然提笔称赞蝠虎鱼："尔状不威，尔力未强，乃以虎名，以柔制刚。"

聂璜想多了，蝠虎鱼并没有这么高超的智慧与武艺。蝠虎鱼尾鳍上的大黑斑，看上去像眼睛，作用是把尾巴伪装成头部，引诱天敌攻击尾巴，它可以借机逃命，尾巴破损，不久就可以长好，它这么薄的尾巴，怎么可能把螃蟹的钳甩断？螃蟹肉和膏分散在体腔与体节里，彼此之间都有隔层分开，怎么可能"尽为吮去"？吃螃蟹真有这么容易，那些蟹八件什么的通通作废了，我们吃螃蟹也不必那么费劲。

真实情况是，蝨虎鱼属夜行性鱼类，喜欢在石缝中穴居生活和繁殖。虽然性也凶猛，但也只是乘小鱼、小虾、小蟹、水生昆虫和贝类不备时囫囵咬碎吞下，没什么智取成分，遇到大一点的螃蟹，它逃得比兔子还快。

与狗母鱼比，蝨虎鱼个体大很多，肉多刺少，肉质鲜美，细嫩可口，可算得上是上等鱼，市场价格在一斤60元左右，可清蒸，也可炖汤。福建人深信它可以强身健体，还可以治疗小孩尿床。后面这一点就当笑谈好了，小孩尿床是大脑皮层发育慢，不能抑制脊髓排尿中枢造成的。随着年龄增长，控制排尿的神经功能成熟后，夜间膀胱的控制能力增强，也就不会尿床了。我们谁都有这经历，这不奇怪。当然，吃蝨虎鱼吃几年，小孩也长大了，也就不尿床了，但这功劳不应归蝨虎鱼。

笋壳鱼

虾虎亚目的鱼类一般个体都比较小，有一个例外，就是笋壳鱼。笋壳鱼是云斑尖塘鳢的俗称，属于尖塘鳢属，

笋壳鱼

原产于东南亚诸国及澳大利亚大陆,是虾虎亚目中较大的淡水名贵种类。前端呈圆柱形,后部稍扁,长得像竹笋,黑乎乎的外表,只配叫笋壳鱼——中国式命名就是如此直接。

笋壳鱼为底栖穴居性鱼类,常栖息于水质较清或有微流水的江河、水库、池塘的底部沙泥或草丛中,也常栖息于岸边的砂石缝隙、洞穴及杂物中,生活水层为2米以下。它游泳能力不强,不能做快速和长距离游泳,性温驯,对低氧环境适应能力较强。多在夜间活动,白天喜藏进泥里,可钻到泥里1米深处达十小时。对食物先窥视后吞食,不追逐捕食,耐饥饿能力很强,一次饱食后可多天不摄食。

笋壳鱼是外来入侵物种,我国本地没有笋壳鱼。1999年,笋壳鱼由中国水产科学研究院珠江水产研究所从东南亚引进，在广东省试养成功。市场上的笋壳鱼，体形大一点的都是饲养品种。早期养殖经验不足，广东台风又多，一度导致笋壳鱼大量逃逸后成为"野生动物"，入侵珠江水域。笋壳鱼不善于捕食，守株待兔式的捕食习惯，加上能被笋壳鱼捕食的鱼种少之又少，抑制了它们的生长和繁衍——野生的笋壳鱼，很少有超过半斤的。笋壳鱼属淡水鱼，不能在大海生长，某些餐厅打着海笋壳鱼的旗号，纯属没有技术含量的欺骗。

笋壳鱼肉多刺少，肉质嫩滑，虽然鱼味不足，但在淡水鱼中已属优质品种，价格也不菲，市场价一斤六十元左右。笋壳鱼用来清蒸，味道略为寡淡，需要有好的酱油或者大量姜蓉葱蓉帮助提味，也有用油泡的，味道有所改变。而那些野生的笋壳鱼，由于个体太小，用来滚汤好了。

艾，不艾？

风味岭南

从清明到端午，青团、艾糍、艾饼就占据了吃货微信朋友圈的"C位"。这种时节的吃食，既是节日的仪式，也被赋予各种神奇的功效和美好的希望。

艾的味道，不是所有人都喜欢

艾是菊科、蒿属植物，多年生草本或稍亚灌木状，是田间地头常见的野草。它的叶片呈羽状裂，背面覆盖有银白色绒毛，分布于蒙古、朝鲜、俄罗斯远东地区和我国。在我国，除极干旱与高寒地区外，几乎都可以看到它的身影。艾的别称很多，各地叫法不同，但都指菊科蒿属的好几种不同的植物，比如艾 Artemisia argyi，南艾蒿 Artemisia verlotiorum，野艾蒿 Artemisia lavandulifolia 等。这一类蒿属植物在外形、气味上相似，确实很难分得清楚，习惯上统称为"艾草"或者"艾蒿"。

艾草青团的制作颇为复杂：新鲜艾草择去老根老茎，留下幼嫩部位，经过焯水、过冷水、沥干，就可以去掉艾草的苦涩，还原其清香。如果想保留那份翠绿，焯水时加一点小苏打，碱先把氢离子除掉，这样叶绿素就可以不受干扰，保持它原来的颜色。再萃取原汁，或者把艾叶切碎，和糯米粉一起拌匀，艾草青团的模样便初步形成。

艾糍

包什么馅，则是你自己的喜好。甜咸之争，豆沙党和蛋黄党还容易达成统一战线，马兰头香干党、雪菜肉丝党与他们简直就是水火不容。至于鲍鱼海参鱼翅燕窝金华火腿等派系的崛起，更多的是盯着你的钱包。不管如何，传统的艾草青团，张开柔软的外皮，将这些美味通通接纳进来，捏成团状，垫上竹叶上笼蒸熟，也就大功告成了。

艾叶的味道十分浓烈，并不是所有的人都可以接受的，比如我，就觉得它有一股中药味，吃下一个青团需要一股勇气，还需要一鼓作气。"艾叶的气味源于桉叶油素、石竹烯、萜品烯等成分的协同作用。这些成分单独具有清凉、辛辣或木质等特征性气味，但混合后通过嗅觉的整合作用，形成独特的药，而非简单的'混乱叠加'。"

正因为不是所有人都喜欢艾草的味道，所以青团并不是非得加艾草不可。袁枚在《随园食单》里就说："青糕、青团：捣青草为汁，和粉作粉团，色如碧玉。"这个"青草"，大家现在比较多用浆麦草。艾草并不是天天都有，产量也上不去，而浆麦草有一定规模的种植量，供应无忧；艾草制作的青汁如若操作不当，苦味很重，而浆麦草制作的青汁有股微微的甜味，对诸如我这类不喜欢艾草味道的人来说，是比较能接受的。在潮汕，我的老乡们习惯用鼠曲草取代艾草，它没有艾叶那股中药味，还让青团皮增加了韧劲，那种又韧又糯的口感，令人欲拒还迎，美妙得很。只是鼠曲草做出来的青团，我们叫"鼠曲粿"，是墨绿色的，在靠脸吃饭的年代，有点吃亏。

除了青团，还有完全没有馅的艾糍，是把艾草碎、艾草汁和糯米粉简单地调和蒸熟而成，吃的时候或蒸或炸，再蘸白糖，外酥里软，老少咸宜。

"艾"你已经很久了

老祖宗们很早就盯上了艾，最早出现艾的文献是《诗经·王风·采葛》，我们经常说的"一日不见，如隔三秋"就与它有关。这首诗写一个男子对一个采青草的女子一往情深，一咏三叹，回环婉转：

> 彼采葛兮，一日不见，如三月兮。
> 彼采萧兮，一日不见，如三秋兮。
> 彼采艾兮，一日不见，如三岁兮。

葛是一种藤蔓植物，萧是一种蒿，与艾很像，艾就是艾草。作者在反复叠踏的咏叹中，表达了对一个采着馥郁艾草等青草的女子饱含的相思与期盼。即便放到今天，这些诗句感情的表达也依旧新鲜而隽永，充满浓烈的艾草味和惶惶而踟蹰的焦灼，成为传世经典之作。

屈原在《离骚》中，也提到了艾草。"户服艾以盈要兮，谓幽兰其不可佩"，屈原面对众人盲目从众地佩戴着杂芜的艾草，反而说幽雅的兰花不值得携带。屈原把自己当成"幽兰"，而艾草在这里形象就不那么美好，这让我每次艾灸时都觉得屈原不太厚道。

苏轼也用诗歌吟咏过春日暖风中的艾草,他在《浣溪沙·软草平莎过雨新》中写道:

> 软草平莎过雨新,轻沙走马路无尘。何时收拾耦耕身?
> 日暖桑麻光似泼,风来蒿艾气如薰。使君元是此中人。

这里的"蒿艾",就是艾,也是蒿,不仅古人常将蒿、艾混称,就连现代人也经常分不清楚。由于诗词创作需要讲究平仄格律,所以在这里必须使用"蒿艾"这个双音节词。用现在的话说,大意是:柔软的青草和长得齐刷刷的莎草经过雨洗后,显得碧绿清新,在雨后薄薄的沙土路上骑马不会扬起灰尘。不知何时才能抽身归田呢?暖阳之下,田野中的桑麻欣欣向荣,犹如被水泼过粼粼光芒,一阵和煦的轻风挟带着艾蒿的熏香扑鼻而来,沁人心脾。我虽身为太守,却不忘自己实是农夫出身。

正是有了艾草霸道的味道,盛春的惬意和繁荣才更有一种真实的存在感,艾草仅是靠着气息,就为整个春日画面蒙上了一层岁月静好。此词作于苏轼因与王安石政见不合,自请外放,任徐州知州时。苏轼借农村的岁月静好,说自己也是农夫出身,这种"不忘初心",透露出道不同不相为谋,远离政治旋涡,偏安一隅,为地方干点实事的愿望。可惜政敌们不会让他抽离,苏轼很快就卷入了一贬再贬的苦旅之中。

陆游也多有诗词说到艾草，比如这首《雨晴至园中》：
入夏经月雨，园路久已荒。
今朝偶一到，蒿艾如人长。
岂惟蛙黾豪，颇觉蜂蝶狂。
怅然怀故山，舍东百本桑。
迨此积雨余，枝叶沃以光。
父老适相遇，藉草挥一觞。
一觞颓然醉，笑语相扶将。
赋诗示儿子，此乐未易忘。

这是《回乡偶书》和《示儿》的综合版。看着这些荒芜的艾草，感慨着时光流逝，怀恋起家乡故土的种种往事之情。在这里，艾香引发的是惆怅，动荡年代，这种恋乡怀旧，艾香一熏，很容易产生。

"艾"要靠谱

国人用艾历史长久，除了清明吃青团艾糍，还有"端午插艾"这个传统。有的地方将新采摘下的艾草扎成捆，悬挂在门口；有的地方将艾草引燃，让艾草烟雾弥漫整个房间；还有的地方将艾草榨成汁，喷洒在各个角落。它们都有同一个功效——去毒气、驱散毒虫。这个说法是靠谱的，从艾草燃烧后的香气和艾草的提取物中分析发现，艾草的挥发油含量很多，其中桉叶素、乙酸龙脑酯、榄香醇、异龙脑这几种化学成分对某些昆虫的嗅觉系统造成一定的刺激，进而达到驱虫、抑制细菌增生的效果。连蚊虫都怕，估计妖魔鬼怪也会怕，由此联想到驱邪避鬼，对古人来说，这个逻辑没毛病。

艾的另一个广泛用途是艾灸。《本草纲目》称"艾叶能灸百病"。艾灸是一种中医针灸疗法，利用热气将艾草及其配伍药材中的有效成分，通过穴位的皮肤渗透到身体经脉中，借此调节人体的各种生理机能，是一种颇为流行的养生疗法。目前也有一些争议，从积极方面看，燃烧产生的这种温热刺激，能够使局部皮肤充血，毛细血管扩张，增强局部的血液循环与淋巴循环，加强代谢，促进炎症、粘连、渗出物、血肿等病理产物消散，还有促进药物吸收的效果。不过，艾草中的樟脑和侧柏酮等化学成分，对肝肾等脏腑和神经系统都有一定毒性，达到中毒剂量后半小时内就会发生恶心呕吐、惊厥和局部充血导致的血管破裂等反应。当然了，这个量是"大量"，一般艾灸不可能达到这个剂量。

与陈皮和萝卜干一样，艾的功效还讲究用陈艾。这个讲究，还真的够"陈年"的。战国时的《孟子·离娄上》就提到"今之欲王者，犹七年之病，求三年之艾也。苟为不畜，终身不得"。战国时期，孟子就夏桀和殷纣的灭亡发表了如下看法：桀与纣失天下就是因为他们丧失了百姓的拥护，如果有君主推行仁政就能统一天下，现今有人想一统天下，就像得了七年的病去求蓄积三年以上的艾草灸治一样,不立志施行仁政,那么一辈子也不能统一。

　　陈艾的功效更佳,估计是艾草里挥发油的有害成分已经退化,以老当宝,这是我们中国人的价值观。由艾草想到治国方略,这个政治站位够高的。

风味岭南

节瓜

岭南的初夏，雨水逐渐增多，市场上的瓜和豆也多了起来，而抢占C位的，则非节瓜莫属。

为什么叫节瓜？

对北方的朋友来说，节瓜确实有点陌生，这是因为节瓜喜欢高温天气，种子发芽的适宜温度为25～30℃，幼苗生长的适宜温度为20℃左右，开花结瓜期的适宜温度为20～28℃，低于20℃果实生长发育缓慢。这样的气候条件，也就只有两广和海南、福建南部地区可以种植了。

节瓜是葫芦科冬瓜属，是冬瓜的变种，因此又得一小名叫"小冬瓜"。它还被称为"毛瓜"，那是因为它为了躲避岭南初夏多雨季节，给自己穿上了"雨衣"，长出了一身茸毛。有的地方叫它"条瓜"，圆柱形的身材，说是"一条一条"的，也挺形象。它的大名节瓜，则是因为每个叶节都挂果。屈大均在《广东新语》就说"节瓜蔓地易生，一节一瓜"。屈大均的观察不够细致，节瓜并不都是一节一瓜，也有几节一瓜的，一般在主蔓的第五节左右，产生第一朵雌花，然后每隔一到数个叶节，再生一到两朵雌花。节瓜长势强，耐深肥，打理到位的话，每隔一节或几节，可以不停地挂果，是产量相当大的瓜类。至于它的另一个名字"北瓜"，则让人丈二和尚——摸不

黑毛节瓜

着头脑了，明明它就生在岭南，怎么叫北瓜呢？

节瓜，夏日好果蔬

李时珍在《本草纲目》中说过节瓜："节瓜味甘，性平，能生津，止渴，解暑湿，健脾胃，通利大小便。"中医认为，小满时节，万物繁茂，生长最旺盛，人体的生理活动也处于最旺盛的时期，消耗为四季中最多，所以应及时补充营养，以使五脏六腑不受损伤。春养肝，夏养心，"汗为心液"，夏日汗流最多，尤其要注意养心、补心。小满用药膳养生，以能够消暑健脾、平肝生津的为最佳，切忌过于温热，以免损伤阴津，同时也不宜过于寒凉滋腻，以免暑热内伏，不能透发。因此，菊花、芦根、沙参、元参、百合、绿豆、淮山、冬瓜、节瓜等药材、时蔬,是小满最佳食物。

上述这些说法感觉是靠谱的:岭南的夏天,湿热至极,挥汗如雨,补水确实是关键。节瓜含水量大,而且味道还很好,加上补水是解暑消暑的最佳解决方案,所以,小满以后宜多吃节瓜。现代科学则从节瓜中找出了对人体有益的成分——冬瓜多糖。实验证实,冬瓜多糖在体外清除自由基方面显示出较强的能力,但与维生素C的清除效果相比则相对较弱,至于我们吃进肚子里以后还有多少冬瓜多糖存在,对体内自由基的清除效果如何,则还有待进一步验证。

节瓜,怎么做好吃?

在老广的菜谱里,节瓜的表现多姿多彩,顺德杏坛镇的黑毛节瓜尤其受欢迎。杏坛镇桑麻村水网密布,塘涌相连,土地肥沃。瓜农利用得天独厚的自然条件在塘涌边搭棚架,借助水面的反光让节瓜全身均匀地获得阳光照射。阳光的炙热与河水的清凉形成温差,使得节瓜积累了更多糖分,孕育出瓜色乌、绿、油、亮,瓜形丰腴优美,瓜肉清甜粉糯的黑皮节瓜。

节瓜的做法很多,老广的老火靓汤节瓜煲鱼尾、节瓜眉豆章鱼干煲猪骨,都是夏日深受欢迎的。想简单快捷也行,节瓜与肉片、蛤蜊、瑶柱、咸蛋什么的随便组合,清清爽爽,可口得很。虾米粉丝节瓜煲,肉片炒节瓜,鱼头焖节瓜,这些简单的烹饪,在家里就可以做。复杂点的就要上餐厅吃了，比如冰镇节瓜、咸蛋黄节瓜、鱼肉酿节瓜、瑶柱节瓜脯、节瓜拆鱼羹、节瓜咕噜肉、双丸（墨鱼丸和牛丸）浸节瓜、茶树菇浸节瓜片、节瓜捞起、节瓜烙等菜式，几乎可以说怎么做都好吃。

黑毛节瓜本身瓜肉厚实，含水量大，瓜味鲜甜，用简单的蒜蓉蒸煮，清甜就能被自然带出，非常清新。我在顺德杏坛逢简村品尝过一道"海味绿豆黑毛节瓜"，用鲜甜的蚌肉、花蟹焖节瓜，再加入去皮绿豆蓉。绿豆蓉释放出来的淀粉，令汤汁馥郁醇厚，动物蛋白和植物蛋白双加持，沙沙的芡汁搭配清甜软滑的节瓜，口感绵密且丰富，真正的吃货连盆底的汁也不放过。在芳村南围大排档，用蟛蜞焖节瓜，蟛蜞的鲜味完全渗入节瓜中，这个菜连着汁，可以搭配着吃下一大碗白米饭。

节瓜水分多，一经加热，细胞壁受破坏，水分就跑了出来，所以比较容易入味，如何搭配，没有那么多讲究。香港佛学家、美食家王亭之在《经济日报》美食专栏发表的《煲汤有学问》，说到"节瓜煲猪肉，节瓜是横切抑或直切，都有学问。又如煲节瓜，必须去瓜仁"，这就有点故弄玄虚了。节瓜有老嫩之分，一般老节瓜会去掉瓜瓤，这部分口感不佳，嫩节瓜就没必要这么做了。至于是横切还是直切，煲几个小时，细胞壁和纤维全被破坏，节瓜与肉、汤充分交融，横切与直切又有什么区别呢？

那些玄之又玄的东西，多半是忽悠人的。这个道理，不独适用于美食。

叁 岭南街头风味

风味岭南

南围大排档

芳村坑口，城中村里有一家小店，取名南围大排档。

这是一家开在村民二层自建住宅的小餐馆，老火靓汤、当季河鲜、传统粤语小炒是其特色。中午12点，房间和天井摆开的十几张桌子已经客满。一家龟缩在小巷里的小店，能够如此吸引人，原因只有一个：美味。

老火汤霸王花煲猪䐾，料足火候够。产于广西和广州、肇庆、佛山等岭南地区的霸王花，为仙人掌科蛇鞭柱属植物，又称剑花、风雨花，学名量天尺。说它是霸王花，是因为它的花冠硕大，怒放得无所顾忌，英姿无比，霸气十足，简直就是花中霸王。称它剑花，是因为它从剑拔弩张的枝条上聚精孕育，人们以其枝条形象赋名。叫它量天尺，因为它是一种攀缘植物，凭着粗壮的肉质茎，一节一节地攀缘在岩石上，一直可以爬到山顶，似有"虬龙高跃欲量天"之势。唤它风雨花，则因为它盛开的季节在每年的端午节和中秋节之间，正是岭南地区的风雨季。霸王花的味道和止咳理痰、清热润肺的药用价值，在于它所含的烷和谷甾醇。老广所说的猪䐾，即猪肘子肉，南围大排档足足用了二斤。经过四小时的慢火细煲，猪䐾释放出来的脂肪被霸王花的粗纤维所吸收，霸王花因此变得嫩滑，而汤却一点也不显得油腻，盘子里的一大坨猪䐾肉，瘦的甜润，肥的甘香，

老火汤霸王花煲猪蹄

蘸上一碟店家自己调的椒圈酱油,就是一道不错的大菜。

南围大排档不受季节限制的招牌菜是豉油猪大肠和豉油鹅肉。我尤其喜欢豉油猪大肠,恰到好处的火候,猪大肠适当的嚼劲,大肠香逐层释放,越嚼越香;略带甜味的酱油,是他们家独特味道的密码。猪肠的香味,来自猪便便里的呦哚——这个东西非常神奇,多了就是便便的臭味,少量却是香味,如何拿捏,全靠经验。有人说猪大肠不能洗得太干净,这是不太准确的说法。猪大肠当然必须洗干净,只是呦哚的味道要适当保留。南围大排档是我吃过的猪大肠中味道拿捏得最好的。

河鲜海鲜是该店特色。当天有南沙的黄脚立鱼、墨鱼,西江的翘嘴鱼、塘鲺鱼、河虾,广西的小鳜鱼、黄鳝、沙虫等。我们要了一只游得正欢的墨鱼和一条野生翘嘴鱼清蒸,把翘嘴鱼嫩滑的特点充分发挥了出来,嫩滑到什么程度呢?如果不是忌惮骨头多,简直可用吮吸就把一条鱼吃掉。墨鱼太大,店家一半白焯,一半用豉汁炒。我更喜欢用豉汁炒,入味和脆爽都无可挑剔。

蟛蜞仔焖节瓜,蟛蜞的鲜融入了节瓜的甜,这个菜放在高端餐厅,做好了把蟛蜞拿走,节瓜按位上,可以卖出高十倍的价格。荠菜炒河蚬肉,朴实地加上了萝卜干和炒花生,包着生菜吃,既感受广州春天脚步的临近,又惊叹于店家的毫不惜力:河蚬已经难找,又卖不出好价钱,先煮后剥肉再炒,今天还有人肯如此不厌其烦下这份功夫!豉汁炒猪乸菜,猪乸菜又称厚皮菜、莙荙菜、海白菜、红叶甜菜,虽属苋科甜菜属,但要唤醒它的甜,必须先克服它的涩,途径无非是下浓油重酱。店家做到了,而且往软韧里做,充分地破坏了猪乸菜的粗纤维,吃起来更细腻,也更入味。

让大家都折服的是茨菇焖烧肉。茨菇富含淀粉,粉糯是其可爱之处,但茨菇又含秋水仙碱等多种生物碱,这是它令人讨厌的苦涩味的来源。南围大排档用烧肉丰富的脂肪分解生物碱,再用南乳酱汁入味,扬长避短。这碟菜很快就被一扫而光。

茨菇,亦写作"慈姑",《全唐诗》中张潮的《江南行》

蜉蜞仔焖节瓜

便有它的身影:

> 茨菰叶烂别西湾,
> 莲子花开犹未还。
> 妾梦不离江水上,
> 人传郎在凤凰山。

写的是离情别绪,表达的是女子对丈夫的思念。这里提到"茨菰",茨菰叶烂,地下根茎膨胀,才是收获的季节。

到了明朝,它又被写成了"慈姑"。李时珍在《本草纲目》中说"慈姑一根岁产十二子,如慈姑之乳诸子,故以名之。"古代称婆婆为姑,慈姑就是仁慈的母亲,在慈姑的根茎上可以产出12个慈姑,就如仁慈的母亲喂养了12个孩子。这只能说古人想象力太丰富。

茨菰是水生植物,江南一带饥荒年拿它来度荒,也拿它来糊弄灶王爷,《上海县竹枝词·岁时》这样说:

> 柏子冬青遍插檐,
> 灶神酒果送朝天。
> 胶牙买得糖元宝,
> 更荐慈姑免奏愆。

诗后有注:
二十四日送灶,用酒、果、粉团。又谓灶神朝天,言人过失,用饴糖胶牙。俗为元宝形,名"廿四糖"。檐插柏子、冬青叶,取寒夏长青。慈姑,取音如"是个",与胶牙糖同意。

旧时上海一带,人们因慈姑谐音"是个",便在祭灶时将其与糖瓜一同供奉。糖瓜粘住灶王爷的嘴,慈姑则讨个口彩——让灶王爷"是个、是个"地应声,既堵了嘴又讨了吉利,免得他上天乱说话。

广府人也喜欢茨菇,大家觉得茨菇的柄像小男孩的生殖器,将男孩称为"茨菇丁"。祭拜祖宗的时候,摆上一盘茨菇做贡品,希望祖宗保佑家族男丁兴旺。旧时广府人家新娘回娘家,娘家人会为女儿准备一份回家的礼物,里面有葱蒜和茨菇,寓意为聪明能算、早生贵子。至于好不好吃,则另当别论了。

茨菇确实不容易做到好吃,这个连大美食家汪曾祺也觉得不太好弄,他在《故乡的食物》一文中说:"我小时候对茨菇实在没有好感。这东西有一种苦味。民国二十年,我们家乡闹大水,各种作物减产,只有茨菇却丰收。那一年我吃了很多茨菇,而且是不去茨菇的嘴子的,真难吃。"他又坦言,从19岁离开家乡,三四十年没有吃到茨菇,"并不想"!有一回在菜市场见有茨菇卖,就买了一点回来加肉炒了,"家里人都不怎么爱吃,所有的茨菇,都由我一个人包圆儿了"。

汪曾祺先生的儿子汪朗是我崇拜的大美食家,如果有机会到广州,请他到南围大排档吃茨菇,估计会给茨菇平反。

广州老姜饭堂信记

别看广州现在的中央商务区珠江新城红红火火的,三十年前,这个地方还是一片菜地,最红火的是长堤大马路一带,用"灯红酒绿"来形容,再合适不过。彼时的长堤,就是广州高端人士夜生活的高级场所。某日,我约上志哥,来到信记,寻访记忆中的广州味道。

昔日繁华的长堤还是很有韵味的,西洋式建筑群保留完好。这些旧建筑是清末至民国时期所建,包括东亚大酒店、新华大酒店、爱群大厦,大新、先施等百货公司,官办、商办、外资银行,包括渣打银行分行、孙中山先生创建的中央银行等。在这些老建筑夹缝的一条小巷里,信记安静地等待着喜欢其味道的老顾客,粗略一算,这一守候,已经有四十年。

尽管时过境迁,信记已不如昔日般风光,但是仍能从店里的一点一滴看到它曾经的辉煌。干干净净的店面,门口有浓重的西关味道,趟拢门、花窗、牌匾,每一处都尽显特色。宽敞明亮的大厅,桌椅还保留着二十世纪八九十年代的味道,从吊扇、装饰和壁画来看,都不失精致。店里甚至还用算盘记账、手写点单纸,连跑堂阿姨都是白衣黑裤……从里到外,你都能感受到它一股老派的作风。但信记"老派"却并不"倚老卖老",味道依然是挑剔食客们的心头好,服务依然和和气气。

信记的老火靓汤当然不能少，我们要了一盅土茯苓炖龟。老广坚信，这个汤能去湿，我只觉得这个汤真好喝！一整只乌龟，加上瘦肉炖足四个小时，味道鲜得干净，甜得纯粹，一碗下肚，从舌尖清爽到肺腑，不是把肚子填饱，而是仿佛对消化道进行了清洁，为接下来的大鱼大肉鸣锣开道。以隔水炖四个小时往上推，为了这盅汤，师傅们上午8点前就要开始忙碌，一人三小碗，总共398元，这已是最高价的菜了。

啫啫黄鳝煲的锅盖打开那一刹那，随着嗞嗞声响，零星的酱汁飞溅出来，用筷子快速搅拌，一股肉香伴着酱香扑鼻而来。夹一块鳝鱼入口，软中带脆，鲜香交融。啫啫煲是20世纪八九十年代广州大排档的拿手菜，陶质的啫煲具有极佳的传热效果，能让食材瞬间达到140℃，发生美拉德反应，大分子的蛋白质分解为呈鲜味的小分子氨基酸。同时，啫煲的散热也很快，不会持续加热，这使得黄鳝表皮焦香，内里仍然保持鲜嫩多汁——表皮脱水，造成脆的口感；内里多汁，保留了鲜嫩——这两种看似不相容的口感，在"啫啫"中得到了统一的呈现。信记独有的酱汁，洋葱和姜片的香气，几片五花肉释放出来的鲜与香一起加持，成就了一种让神仙都站不稳的味道。这道菜，可评为广州啫啫黄鳝煲第一位。

如果说啫啫黄鳝煲是香到入心，那么接着的这道煎焗白鳝片就是香到摄魂。广州人将鳗鱼叫白鳝，做法一般是用豆豉蒸或者啫啫，信记独创了切片腌制入味后先煎后焗

啫啫黄鳝煲

的做法：以极细的刀工，将鳗鱼切成薄片，鳗鱼肌间刺多，切成薄片后，肌间刺小至毫米级，对人已无法构成威胁，再经煎焗，增添了酥脆的口感。鳗鱼表面有一层很滑的黏液，抓住它都困难，把鳗鱼切成毫米级的薄片，这需要极厉害的刀工。原来，信记的砧板师傅已经操刀二十年，熟能生巧。鳗鱼脂肪含量很高，吃起来容易腻，但煎焗非但不腻，反而将鳗鱼身上的脂肪萃取了出来。腌制的秘汁，我吃出了陈皮味和胡椒味，增香的同时也达到了去腻的目的。这道菜，连骨头都入味，越嚼越香，堪称广州一绝。

说是海鲜酒家，但池里的海鲜并不多，没有贵价的阿拉斯加蟹、石斑鱼、象拔蚌之类，都是些便宜的本地货。姜葱炒蟹、蒜蓉开边蒸虾是信记的名菜，但我们只要了一条"海边鱼"清蒸。鳊鱼是几乎全国各地都有的淡水鱼，广东人写作"边鱼"，容易写，也不是错别字。北宋仁宗朝进士、杭州人强至就有诗句"时情逐势饵边鱼，贫病由来俗易疏"；徐霞客在南宁见到广西鳊鱼，也于游记中写"边鱼，南宁颇大而肥，他处绝无之"。可见"鳊鱼"也可以叫"边鱼"。各地的鳊鱼，外形大体一致，区别很细微，广东的鳊鱼，也叫海边，学名为广东鲂，当地也称大眼鳊，但却是如假包换的淡水鱼。老广相信海鱼比淡水鱼好吃，"海边鱼"沾了个"海"字，大家误以为是海鱼，也就变成抢手货。信记的蒸鱼有三妙：一为火候极妙，简直到一秒不少、一秒不多的地步，一条普通的鳊鱼，蒸出顶级海鱼的效果，鳊鱼的味道得到恰当的表达；二为酱油之妙，自家调制的

风味岭南

清蒸边鱼

蒸鱼豉油,咸甜适中;三为花生油之妙,土榨的花生油,带着特别的香味。土榨花生油,除了油的主要成分甘油三酯外,还有磷脂和游离脂肪酸等杂质,这些杂质令土榨油更香。可惜土榨花生油的烟点只有160℃,冒出的烟含有丙烯醛等有害物质,对厨师的眼睛和呼吸道有危害。

我们还点了红烧乳鸽、咸骨煲西洋菜、羊肉煲、陈村粉蒸排骨,除了羊肉膻味浓了一些,其他都算可圈可点。想点多几个菜,负责点菜的靓姨说"够吃了,不要浪费",信记招牌的南乳肉、姜葱蟹、节瓜煲等,也就没办法品尝了,结账968元,负责结账的老阿姨说点菜点多了,透露出一丝丝内疚和不安。

信记成名于20世纪八九十年代。改革开放先行一步的广东,生机勃勃,夜晚的宵夜,正是各种路边大排档的大舞台。灶台就在马路边,火红的炉灶,极香的镬气,生猛的海鲜,吸引了先富起来的老广。如今占道经营被取缔,大家对就餐环境也有了要求,大排档也就逐渐退出了历史舞台。信记从在巷里摆摊改为入室经营,当年刚入不惑之年的信哥,也变成年过八十的信爷。但信爷的认真依旧,还是每天早、午两次到市场采购挑货,酱汁依然自己调配,为的是保证信记的味道不走样。二十三年镬头功的罗师傅、二十年刀工的方师傅、八年啫煲功的李师傅,都是经验丰富的老师傅,连服务员都从当年的"靓女"变成"靓姨"。一帮老伙计,认认真真做事,热情细致待客,留住了一帮"老姜"(广州话把"够辣、够霸气、够犀利"的食客称为"老

红烧乳鸽

姜")。只要对广州传统味道有认识,阅历足够,你不可能不喜欢信记。

"信誉诚招四方客,记来美食五羊城",门口的对联道出了信记的经营理念:追求极致美味,认真对待客人。这样的餐厅,就是广州的风味,就是广州的人间烟火。

叁 — 岭南街头风味

安居一隅的梁家菜馆

吃完信记，大喜过望，高租金、高人力成本下，并未让老广州的风味在市井间失色。当年"长堤四大名记"的梁锦记，今又如何呢？

与胜记、信记、区仔记一样，当年梁锦记也是在巷子里占道经营的大排档，城市管理不允许占道经营后，赚了钱的胜记、信记在长堤大马路购买或者租赁了物业继续经营，而梁锦记选择了歇业，后来在海珠区的南华东路选择了一处物业重新开张，但"梁锦记"已被别人注册，他们低调地取了个名：梁家菜馆。

在广州，没听说过把餐厅叫"菜馆"的，昔日威风八面的梁锦记，就这样安居一隅。这是一处二层楼的独立小民居，周围像这样的小民居，已被拆得只剩下孤零零的几幢，一楼只有不够20个餐位，二楼有四个房间，我们订了最大的包间，可以坐12位，环境就谈不上了，但也还干干净净。

负责点菜的大姐，估计也是老板了，一人把全店的点菜、结账、楼面管理全拿下。梁家菜馆的招牌连带写着"红烧乳鸽、传统粤菜"，这就给这个餐厅定了基调，点菜也就有了方向。我们先点了红烧乳鸽一人半只，汤就点了章鱼五花肉煲莲藕汤，又点了梅香咸鱼蒸肉饼、豉汁蒸鱼头、啫啫黄鳝煲、鱼滑枸杞叶、椒丝腐乳生菜这几个传统粤菜，再请教老板介绍一下好菜品，她推介了白切鸡和腊味饭，

红烧乳鸽

理由是"鸡是正宗清远鸡,自己店杀的;腊味饭用的是皇上皇腊味",这些理由让人一听就喜欢。我再想点多几个菜,"老板"不让点了:"够了,你们吃不完的。"不浪费,这才是老广的文化。想当年,将吃不完的菜打包,也是起源于广州,现在已经成为全国人民的统一行动,而当年这一举动,外地人一开始会觉得是小气。

很快,让大家惊喜的白切鸡就上来了,鸡味十足,皮爽,肉紧致而嫩滑多汁,标准的白切鸡!即便在"无鸡不成宴"的广州,想吃到一只好吃的白切鸡也十分困难,因为工业化养殖后,好鸡难找。鸡的风味主要由鸡龄、鸡吃的饲料、养殖方式所决定,养足半年、吃虫子和草籽长大的走地鸡,当然鸡味十足,但这种养殖方式不经济,尤其是这类大众餐厅,价格上不去,不可能承受得了高价的原材料。现在影响白切鸡的风味和口感的因素又增加了一条——禽流感后,严格限制市场和餐厅杀鸡,供应的鸡要集中屠宰,等到下锅,已经过了好几个小时,鸡肉开始了尸僵反应,肉质变硬、鲜味流失、味道变酸……"老板"给我推荐的理由是"清远走地鸡,在店附近宰杀,保证最新鲜",这就是梁家菜馆白切鸡好吃的理由!配白切鸡上来的三碟姜葱蓉蘸料,姜葱比例极佳,咸度也适当,这是经验老到的结果。

章鱼五花肉煲莲藕汤也很不错,用料够狠,味道很是浓郁。广府人的老火汤,章鱼干是主力之一,这大概是因为"章鱼八只爪,四通八达",从而联想到可以通一切经络。这个想象力很丰富,有没有道理先且不论,但可以让你喝

风味岭南

章鱼五花肉煲莲藕汤

起汤来感觉更加美味,这就够了。这个汤的美味其实无须"功效想象"助功,章鱼富含甘氨酸,五花肉富含谷氨酸,这些都是鲜味的来源,两者协同作战还把鲜味提高了好多倍,莲藕释放的糖分给汤里增加了甜味,释放的淀粉形成网络,又把汤里部分香味物质罩住,使鲜、甜、香得以保存,所以好喝。美中不足的是莲藕不够粉,吃起来缺乏幸福感。

梅香咸鱼蒸肉饼,是老广餐桌的盗饭贼。工序繁杂又卖不出好价钱,加之传说中咸鱼不健康,让这道菜现在很少出现在餐厅里。梁家菜馆这道菜做得极好,肉饼起胶弹牙,这是肉捶打功夫做足了;咸、鲜、香齐来,猪肉够肥才可以与咸鱼的咸配得上,这是肥瘦比较合适的结果;梅香咸鱼是老广的"臭味相投",香与臭,是吲哚含量的多与寡,也是每个人接受吲哚的能力的不一样。与臭豆腐比起来,

叁 — 岭南街头风味

梅香咸鱼蒸肉饼

风味岭南

豉汁蒸鱼头

梅香咸鱼已是温柔的了，吲哚释放出来的独特味道渗入肉饼里，形成了层次分明的复合香味，咸鱼的绵软、肉饼的弹牙，在口腔里却是一种统一。这时来几口白米饭，是对一天辛苦劳作的最大奖赏。

梁家菜馆厨房不大，但也设了一个明档，招牌的红烧乳鸽和炸大肠的半成品就挂在玻璃窗里。已经入味的乳鸽和猪大肠在这里风干，客人点菜时再下锅油炸，现炸现吃，保证了脆。红烧乳鸽还是不错的，只是可能因为是中午，入味的时间不足，没有前两天我在信记吃的红烧乳鸽好，但炸猪大肠是少有的优秀——选取猪大肠最肥厚的那部分，入味够，外边脆，里面保持了一些嚼劲，肥肠的香味逐层释放，越嚼越香，而且不肥腻，蘸上甜酱，这个时候再来一小口酒，估计会相当陶醉。

豉汁蒸鱼头也非常出彩。足够新鲜的鱼头，没有腥味，用上佳的豆豉调制的酱汁，深入鱼头的各处缝隙，鱼头里的胶原蛋白蒸后变成明胶，与鱼肉和各种软组织融合成一体，在豆豉酱的调配下不分彼此，释放出统一的鲜和香。"老板"建议一个鱼头两种吃法，一半豉汁蒸，一半用剁椒蒸。豉汁蒸太优秀了，剁椒蒸，真有"既生瑜，何生亮"的落寞。

鱼滑是店里自己打的，不仅仅是滑，而且有弹性，这么便宜的菜也如此用心，真是少见；椒丝腐乳生菜，椒丝腐乳调配得鲜咸适中，生菜也脆嫩清爽；啫啫黄鳝也还可以，但比信记则差了两个档次；腊味饭非常棒，实实在在的皇上皇腊肠，米是爽口的丝苗米，煲仔饭的香气也十分完美。

可惜我们太贪心，把店家随饭配的一碗酱油全倒了进去，咸了，不过，我还是忍不住吃了两碗……

八个人的饭菜，结账花了963元，人均约120元。这种小馆，在老市区，这个价格就是合适的市场定位，但他们不会因为客单价不高而马虎应付，一帮干了几十年的老伙计，还是如往日在长堤大马路时一样认真挑选食材，认真地蒸炸炖炒。"老板"说，来的都是老顾客，哪个菜出问题，都会被投诉"炸营"，为了几十块钱出丑，还不如认真干好。

在不贵的食材上认真琢磨，一样也可以做出令人满意的美食。亲民的价格，虽然环境差一点，但只要干净，对"食嘢食味道，睇戏睇全套"的务实广州人来说，最具吸引力。一座城市的美食，高端精致的餐饮只是一部分，更多的大众餐厅，才是一座美食城市的主力。这方面，广州有优势，信记、梁家菜馆，就是其中的佼佼者，这两个大众餐厅，值得一吃再吃！

叁 — 岭南街头风味

有一些美好终将流逝

昔日长堤"四大名记",除了区仔记已经不见了,其他几家还在,梁锦记换成梁家菜馆,而大名鼎鼎的某记仍然在长堤。志哥自告奋勇打电话订了一间房,并预订了一煲"鸡煲翅"。这是某记的名菜,当年最火爆时,港客到店必吃。

尽管长堤大马路商业气氛已经式微,但某记宽大的门面,对着路边挂着白切鸡、豉油鸡、烧猪、烧鹅的明档,各种生猛海鲜一字排开,仍相当有气势。

经过一番攻防战,点了一席菜:鱼翅煲鸡每位二两、苏鼠斑头腩清蒸、大只膏蟹粉丝煲、黄鳝片炒辣椒、豉汁炒花蛤王、豉油鸡、豉油王炒鹅肠、鼎湖上素、生炒迟菜心、姜汁炒芥蓝苗、腊味煲仔饭。回到包房,如释重负,经验告诉我,宰客意图表露无遗的餐厅,不可能认真做菜。我把担心告诉了大家,降低大家的心理预期,不过,刚喝了一杯茶,还是恍然大悟:忘记看海鲜称重了!真是老猫烧须。

第一道菜上来,居然是鼎湖上素。估计是厨房太忙了,哪个菜容易做上哪个菜,但鼎湖上素貌似是几种素菜的组合,其精髓是让素菜入味。一吃,果然"素"!只有咸味,基本上就是把几种素菜焯熟后淋上芡汁——没想到第一个菜上来就翻车。

上来的第二道菜是豉油鸡。这是一只快速养殖的肥鸡,完全没有鸡味,芳龄估计只有35天左右。工业化养殖是一件好事,对人类来说,首先要解决的是有肉吃，而不是有"风味更佳的肉"吃。问题是，餐厅经营上用这种鸡，且用在白切鸡、豉油鸡上，只能说除了成本控制，找不出任何可以解释的理由。继续翻车。

主菜鸡煲翅来了，为了保温，在包房用卡式炉加热，再分给客人每人一小碗，这个功夫做足了。味道也不错，鱼翅炖煮入味，翅肉软糯，翅针又软又脆，奶白色的汤汁浓郁，老母鸡长时间炖煮出味，现在在广州能吃到这种水平的鸡煲翅，确实可以了。美中不足的是汤有哈喇味，这是加了劣质火腿所致。金华火腿也好，宣威火腿也行，用西班牙、意大利火腿，生吃之后剩下的骨头也没问题，关键是不能有哈喇味。哈喇味就是"酸价"，这是火腿保存不好，脂肪严重氧化的结果，脂肪在氧气、日光、水分、温度的作用下，发生氧化、酸败产生了异味。含油高的食物若储存时间过长，很容易变哈喇。这个菜的主要成本是鱼翅，火腿并不贵，在不贵的食材里节省成本，得不偿失，只能说太不认真了。

以前某记的拿手菜还有生猛海鲜，如今生猛海鲜怎么样呢？从海鲜池看，确实品种多样，也非常"生猛"，价格也不高。我点的苏鼠斑头腩，也是刚刚把生猛的苏鼠斑大卸八块取下来的，清蒸后味道确实顶呱呱，可见他们的蒸鱼功夫还是十分了得。可惜，跟着上来的其他海鲜就问题多多了：两只膏蟹，居然一只是死蟹，壳里空空如也，这是螃蟹死后发生重度自溶，膏从壳里分离的结果。虽然这只死蟹还不至于发臭，但蛋白质分解为氨基酸，氨基酸又分解出令人不舒服的氨味，带着鲜味和甜味的氧化三甲胺也分解出带着腥味的三甲胺和二甲胺。厨师为了掩盖这些令人不舒服的味道，努力地想用油炸来弥补，可惜这些劣味毕竟太多了，怎么掩盖都露出狐狸的尾巴。豉汁炒花蛤王，壳与肉完全分离，没有了鲜味，这是为了让花蛤去沙，先用水把花蛤煮开再炒的缘故，但煮得过了，肉壳分离，鲜味大部分跑到汤里，再用豉汁炒，当然就鲜味不足。豉汁也调得不好，只有咸味，没有豉香。黄鳝片炒辣椒，辣椒味道倒是不错，黄鳝却是软绵绵的，大家只吃辣椒，剩下了一碟黄鳝片。

其他几个菜，更是不堪入嘴。鹅肠带着浓烈的膻味，这是不新鲜的标志；生炒迟菜心，却是用水焯过再炒，这不是"生炒"，当然没有镬气；腊味饭更是一塌糊涂，外面展示的连州腊肉只是摆设，上来的腊肉是劣质的，没有腊肉应有的香味，米饭也是不讲究的普通大米……

结账总共花了3630元，说实在的，这个价格不算贵，毕竟有鱼翅，还有苏鼠斑，但其他菜确实不敢恭维。这种马虎应付，只追求钱，漠视客人需求的状况，当然不是当年的某记风格，但这又是真实存在的现状，也是广州大众餐厅的另一面。

昔日无比辉煌的某记，何以至此？

长堤，曾经是广州最繁华的商业区。宋代羊城八景之一的"珠江秋月"，明代羊城八景之一的"珠江晴澜"，就是指长堤一带的珠江景色。江上原有一个小岛，据屈大均《广东新语》记载，岛上有"古榕十余株，四边蟠结，游人往往息舟其阴。端阳七夕作水嬉，多有龙郎昼女、鲙鱼酤酒，零贩荔支、蒲桃、芙蕖、素馨之属，随潮来往"。有人气才有财气，人来人往，是商业繁荣的必备条件之一，但是，清初广州珠江岸边，并没有堤岸，只是一片淤积的河滩。清光绪十五年（1889），两广总督张之洞开始修筑堤岸，但只修了天字码头一段和官轮渡码头，离任之后，工程也停了下来，仅成堤坝，断续难行。宣统三年（1911），已经命若游丝的清政府，还投入大量人力物力，用花岗石筑起堤岸，称为长堤。1920年，民国政府在堤岸上开辟马路，命名为长堤大马路。

路通财通。1914年，澳大利亚华侨马应彪投资港币100万元，在长堤开办先施公司环球货品粤行，首创不二价的营销方式，并附设化妆品、汽水、服装、鞋帽等10个加工厂，大获成功，之后才拓展至上海。20世纪30年代，东南亚著名华侨企业家胡文虎的家族在炸石填地处建筑永安堂大厦，作为虎标万金油的总批发处，这是广州第一幢欧洲风格的钟楼式建筑。由香港爱群人寿保险有限公司投资兴建的爱群大厦，仿美国摩天大楼风格，楼高63米，共15层，是广州当时最高的建筑。创于1919年的大三元酒家，曾为广州四大酒家之首，20世纪30年代，以60元大裙翅为招牌，有钱人趋之若鹜。创于1938年的名园（后改为七妙斋），还有一景楼、金轮酒家、大东酒店、大中华西餐、瑞如茶楼等，次第排开，创造了民国时期长堤的繁荣时代。日本侵略中国，广州沦陷，长堤餐饮进入衰落期。抗战胜利后，四乡的酒楼、茶楼纷纷涌入省城，长堤的餐饮业又迎来繁荣时代：大公餐厅以精美的西餐、西点驰名省港澳；德兴饭店的老板何恩在长堤东端开了一家冠华酒家；著名茶商陈星海的侄儿陈勤昌把长堤的割烹别府改建为总统酒家；金龙酒家是粤港澳饮食大王高棠所开……后来，长堤餐饮业式微，直到改革开放，长堤餐饮业又迎来了一个黄金时期，胜记、信记、梁锦记、区仔记"四大名记"热闹非凡，野味、生猛海鲜吸引着港客、先富起来的一代，还有古惑仔——世纪大劫匪张子强就是胜记、信记的常客，香港黑社会里的"大圈仔"（广府籍的社会人士），也把这里当成聚会场所。

"四大名记"是典型的大排档，因为现代城市管理不允许占道经营，"非典"时期开始禁止食用野生动物，长堤"四大名记"也就失去了优势。加上老城区停车不便，以前的"大马路"，以现在的标准来看就是一条内巷，长堤的商业转型，从娱乐一条街到金融一条街，都以失败告终。商业中心的转移，让老城区的餐饮焕发新活力变得十分困难。

一样坚守在长堤，信记虽然也入室经营，但面积不大，继续坚持走原来的道路。某记则选择转型为大酒楼，开销大了，当然必须想方设法增加收入。一方面必须提高客单价，提升利润，所以猛推贵价菜；另一方面，原来的客户群无需这么大的经营面积，店家必须下沉扩大客户群，所以要控制成本，顺便需要降低品质，这样，最糟糕的情况出现了：品质下降、以次充好、不注重出品，只关心客单价。

也许我们这次消费只是一个特例。我虽然点菜时讲的是粤语，但满口李嘉诚式粤语，一听就知道是乡下人，这种"游客"一般是一次性消费，不宰我也不符合逻辑。看网上的评价，有弹（批评）有赞，也不至于一塌糊涂，但往日的辉煌和味道的确是不见了，这既有周边商业氛围消失的客观原因，也有经营理念改变了的主观原因。餐厅的经营的确不易，某记每年坚持为附近的孤寡老人送温暖，似乎还不忘初心，我没有恶意，也许是我的期望值太高了。

有一些美好终将流逝，我们抱着美好的愿望，总希望别人保持水准甚至不断提高，这种要求本身可能就有问题。"滚滚长江东逝水，浪花淘尽英雄"，长江如此，珠江又岂能例外？

附：据闻，某记看过此文，很是重视，大力整改，出品已大有改进。

招牌菜白切阳山鸡

叁 — 岭南街头风味

有一些美味终会留住

20世纪八九十年代的大排档,是留给大家深刻印象的广州美味,这种食材、烹饪与食客最短距离的接触,造就了"有温度的美食"。现代城市管理不允许占道经营,大排档制造出来的噪声和油烟味也造成了环境污染,野味的退出,食客对就餐环境也有了要求,广州的大排档也就渐渐退出了历史舞台。那些大排档特有的味道,那些价格亲民的美味和市井文化,也随着大排档的消失而逐渐远去。但还是有人在努力留住这种特有的市井美味,比如光塔路的六婶西关小厨。

"六婶"的招牌菜白切阳山鸡,皮爽肉脆,鸡味十足。阳山是清远管辖的一个山区县,清远鸡远近闻名,其实阳山鸡也是优质鸡。如果说清远麻鸡以肉质嫩滑留名,那么阳山三黄鸡则是以脆爽有嚼劲动人。清远鸡的风味和质地不仅仅是由品种决定,还与饲养方式、饲养时间有关,且受鸡吃什么饲料所影响——要求它吃青草、虫蚁、鱼、虾、螺、蚬、草籽等天然食饵,在今天确实不容易做到。"六婶"选阳山鸡,这比正宗清远鸡好找,质量也更有保障。阳山鸡都比较大,半只鸡也超过一斤,138元半只,这个价格有点高,但想吃到好鸡,确实又必须是这个价。

老火靓汤当然是粤菜不二之选。看一个粤菜餐厅是不是用心,就看它的老火汤——卖不起价钱,还要花三个小时煲汤,一般餐厅不愿意这么做。"六婶"的老火汤,号称以"阿二靓汤"为标准。老火汤的发源地在香港,香港人说的"阿二",就是内地人所说的"小三"。20世纪香港电视剧里的"阿二",为了俘获男人,撒手锏就是煲得一手老火靓汤,于是,"阿二靓汤"也成了粤菜老火汤的高标准。"六婶"的老火汤确实够火候,猪骨、猪肉、鸡脚、鲮鱼、粉葛、赤小豆煲足三个小时,温润鲜香。一大煲应该有三十小碗,十个人喝每人可以分三碗,这是20世纪90年代人们的肚量。"六婶"连汤的分量也保留了,这煲汤才收88元,煤气费都不少了,确实是街坊良心价。

粉葛煲汤,一般都少不了鲮鱼,但"六婶"的这个汤不见鲮鱼。鲮鱼多骨,煲了三个小时,肉早已不见了,骨头留在汤里,容易出事故,所以师傅用"煲汤袋"装着鱼,

老粉葛煲汤和榄角蒸鲮鱼桶

煲出味道后把鱼骨扔掉。"六婶"的鲮鱼,最出彩的是榄角蒸鲮鱼桶:将鲮鱼从头到肚腩斜刀切下去,就如一个汲水的桶,所以叫"鲮鱼桶",这个部位没有令人讨厌的肌间刺,吃起来方便;鱼腩部位脂肪够多,因此鱼味充足;鱼头空隙部位多,入味充分。这道菜选用的榄角也很讲究,经调味的榄角,皮薄肉厚,肉纹幼嫩,含油量高,味道芳香,鲜香咸甜混合,把鲮鱼不太招人待见的土腥味也掩盖了。这道菜用了两条鲮鱼,收49元,便宜!

将多刺的鲮鱼肉打成肉浆,做成各种煎酿菜,这是传统粤菜里的功夫菜,但同样卖不起价钱。"六婶"的豉油皇煎酿尖椒,亮点多多:鲮鱼滑是手工摔打的,爽口弹牙;

煎到尖椒和鱼滑刚刚熟,尖椒还是脆的,带着清香的味道;极佳的豉油皇为这道菜调味,鲜香扑鼻;小火焗炒的小葱,清新惹味。效率优先的时代,手打鱼滑已是少见,可机器打的鱼肉口感为什么不好?机器巨大的压力,把鱼的蛋白质分子结构全部破坏,摩擦产生的热量,又让蛋白质变性!"六婶"在这个只卖43元的菜里如此认真下功夫,这种匠人精神出来的菜品,不可能不好吃。

把柚子皮去掉苦味涩感,这是粤菜的又一道功夫菜。"六婶"的鲍汁柚皮烧蹄筋,柚皮多汁,蹄筋糯中带脆,就连配菜的几朵西兰花也非常入味,这道菜只收48元;包菜腊肠啫粉丝,镬气十足,包菜脆甜,粉丝干爽,只收42元;

鲍汁柚皮烧蹄筋

包菜腊肠啫粉丝

肥叉炒芥蓝，叉烧的甜抵消了芥蓝的苦，肥叉的脂肪分解了芥蓝中带苦味的金鸡纳霜，这道菜收48元，也不贵；生炒宁夏菜心是真的生炒，很有镬气，定价33元，利润不少；腊味饭就很一般了，主要是用了普通大米，58元，居然是属于菜单里的"贵价菜"；推荐的荔枝木烧鹅皇也不出彩，荔枝木的味道倒是浓郁，但鹅肉有点柴，这是汁水流失的结果，一例58元，也可接受。这顿饭总共花了637元，其实够八个人吃，也就是说，在这里，人均80元可以吃得很满意。

　　一个城市的味道，由精致餐饮、大众餐饮和家庭餐桌组成。大众餐饮消费不高，在租金和人力成本攀升的背景下，其生存空间越来越狭窄，降低食材成本，简化工序，成了一种选择——这样，味道当然也就走样了。

　　但也还有一种选择，比如"六婶"走的道路。"六婶"开业于20世纪90年代，对于广州的味道有深刻的理解，也有深厚的感情。老城区消费水平不高，但老街坊懂得欣赏广州的味道，只要不忘初心，认真拾味，客户倒不愁没有。这些菜单价不高，获利能力也有限，还真需要老板有情怀。而作为消费者，我们如果能够珍惜这种味道，有时去消费，也是对这种情怀的支持。

　　有人坚守，有人支持，有一些美味终会留住。"食在广州"，需要大家一起努力。

叁 — 岭南街头风味

广州的鲜在东涌

3月中旬的广州，真不知处于春天还是夏天，十多天前还只有几度，冻得瑟瑟发抖，这几天忽然飙升至二十几度，热得要开冷气才能入睡。木棉花开了，落了一地，黄花风铃绽放，艳了满城，而此时，南沙的漕虾膏满，凤尾鱼肥美，对广州吃货而言，这是最美好的季节，属于广州的鲜，如期而至。

很少有人意识到广州是个滨海城市，连广州人都不觉得——一条珠江，已经让知足的广州人忘了大海。也是，广州的海，在南沙，离城里确实还有一段距离，但那里就藏着广州春夏之交的鲜，而且价钱随和得很、亲切得很。

天刚亮，在白云山脚球场挥杆18个洞，洗漱干净，我们几个球友驾车半个小时，就到了南沙东涌河鲜饭店。

这是南沙河鲜海鲜最为丰富、肥美的季节，珠江的出海口，星罗棋布的河道，躁动的海鲜们溯江产卵，被逮个正着。这有点残酷，但大自然就是这么安排的。一只只抱卵怀春的漕虾，简单地白灼，把虾壳剥下来，轻轻一啜，虾子就被尽数吮入口中，连着虾壳遗留的虾汤，鲜到发甜。漕虾虾子的颜色有红有褐，红色的是刚刚抱卵，入口滑溜，褐色的已怀春一段时间，比较黏口。我个人更喜欢滑溜的红子漕虾。漕虾的虾肉是爽脆的，蘸上调过的酱油，丰腴肥美此刻变得可爱而使人满足。吃漕虾，应该一抓一大把，吃到满意为止。

抱卵的漕虾

带着鲜艳斑纹和两只大钳的打鼓虾,也叫鼓虾、嘎巴虾、卡搭虾、枪虾、乐队虾、狗虾、夹板虾、嘎嘣虾、共生虾,南沙是它的领地之一,但它在南沙却也不是常有的。打鼓虾遇敌时开闭大螯,发出响声如打小鼓,故名。打鼓虾遇敌时快速合拢钳子,这时会有一股每小时112公里的高速水流产生,使水压在短时间内急剧降低,瞬间形成水泡,随着压力恢复正常,水泡会马上破裂,响声就是在水泡破裂时发出的。如此剧烈的运动,造就了打鼓虾爽脆的肉质,我们这次碰见,有口福了。

被长江流域视为圣物的刀鱼,在广东却不受待见。这种南海的"海刀",在广东被称为"凤尾鱼",虽然只是十几块钱一斤,但这个季节每一条鱼的肚子都鼓鼓的,里面全是鱼子。用油煎,凤尾鱼令人讨厌的肌间刺变成了又酥又脆的补钙神品,连同煎得香味四溢的鱼子,成为一道下酒妙品。广东人与江浙沪人对海产品的审美观有太大的不同,江浙沪看老广如此吃"海刀",估计会认为是暴殄天物;老广看江浙沪人家吃刀鱼,也会觉得不可理喻。

南沙莲藕是优质的粉藕之一,这片时常受海水涨潮影响的藕塘,也培养出广盐性的特色莲藕。勤劳的养藕人,在藕塘里也放养鳗鱼。比起专业养鳗基地,这种"藕塘鳗"更接近于野生状态,整天游走于藕塘间,让它的肉质更加紧致,风味也更加丰满。粤菜里特有的"煎焗"手法,高温下的油煎,让鳗鱼发生美拉德反应,高温使鳗鱼的大分子蛋白质分解成呈鲜味的氨基酸。还原酮及挥发性杂环化合物经过复杂的历程,最终生成棕色甚至是黑色的大分子物质类黑素,煎至金黄甚至发黑,就是美味的充分释放。再加上生抽、蚝油、胡椒粉、广东米酒等酱汁一焗,味道瞬间丰富了起来,肉质紧致而多汁。

有打鼓虾的地方,就有虾虎鱼。这种形状有点像泥鳅,没有鱼鳞,全身通红、半透明,颈腹部有像漏斗或喇叭状的半透明红色鳍的孔虾虎鱼,潮汕人叫它"赤领",闽南人叫它"赤九",往往与打鼓虾结伴相随。打鼓虾与虾虎鱼的共生关系非常有趣,打鼓虾的视力很差,需要有如看门狗的同伴。虾虎鱼时常在它们居住的洞穴口看守,一旦危险来临,虾虎鱼便会摆动尾巴通知同伴,而打鼓虾则会不停地挖掘沙泥来保持洞穴畅通,以此作为回报。古人没有观察到这种互相帮助的关系,却误以为虾虎鱼天天盯着

奶鱼汤

打鼓虾,不是惦记着吃虾,还有什么企图?于是给它起名"虾虎",这真是天大的冤案。

不过,这种冤情不会发生在南沙,南沙的渔民把这种鱼油煎后滚汤,汤马上变成奶白色,于是给它起名"奶鱼"。58元一斤的奶鱼,做成奶白色的鱼汤,加上香菜,确实又鲜又香。其实,所有鱼这么做都可以达到这个效果:油煎使鱼里的脂肪和蛋白质释放到汤里,水和油本来不相溶,但蛋白质的疏水端抓住了油,亲水端抓住了水,形成一个个肉眼看不到的小油滴,光线一照,折射出来的就是奶白色。

炒鸡

　　河鲜海鲜是有时节的,东涌河鲜饭店吸收人的地方还不是海鲜河鲜,他们的拿手绝活是炒鸡。南沙多疍家人,他们向海而生,以船为家,唾手可得的海鲜河鲜,往往用最简单的方法烹饪,而对难得的家禽却往往倍加珍惜,用足功夫做出令人叹为观止的味道。比如这道炒鸡:选用足龄的骟鸡,风味十足,缺点就是肉质有点韧,但这对于常年吃嫩滑海鲜的疍家人来说,却是过瘾的口感。他们还嫌这种嚼劲不够,用慢火慢慢煸炒,让鸡肉里的水分蒸发,肌肉纤维收缩,蛋白质分解为呈鲜味的氨基酸,方才罢休。

姜片和广东米酒的参与,醇类物质蒸发的同时,把鸡肉的腥味带走,仅留下了鲜香,少许的生抽和蚝油,为鸡肉带来了咸香,也让鲜味表现得更充足。临出锅前撒下一把芹菜,芹菜的清新衬托出鸡肉的浓香,吸满肉汁的芹菜,清脆可人,精彩不亚于鸡肉。在这里,鸡是现杀现炒,不会有任何令人不舒服的味道产生,这是城里餐厅无法做到的。

这个季节的海鲜太多,大家什么都想要,于是又叫了几个菜。清蒸黄脚立鱼、果皮蒸金鼓鱼、盐水胡椒浸泥猛,吃到的是鱼的本味;南沙莲藕焖猪肉、豆豉鲮鱼炒猪嫲菜、虾米炒丝瓜,更让大家吃到了这些菜原有的味道。他们家的红糖松糕,更是让人欲罢不能,标哥说吃到了小时候的味道,一人吞下了五块。15个壮汉,点了一大桌菜,吃不完还打包,总共2020元,人均130多元,已是满桌海鲜,这种消费,太让老广喜欢了。

这餐饭大家超级满意,顺便总结了好吃的几个原因:一是食材好,都是当季,最是肥美的时候;二是够新鲜,别看这里离广州才几十公里,运到广州还要让它们活着就有难度,即便努力做到,成本也上去了,而这些海鲜本身并不贵,运到城里还保留最佳状态,物流成本比海鲜本身还高;三是烹饪方法得当,该简则简,该繁则繁,疍家人对食物的认知,积累的烹饪经验,就是美味的最佳表达方式。一句话:鱼有鱼味、鸡有鸡味、菜有菜味。

叁 — 岭南街头风味

红糖松糕

菜园鸡煲

风味岭南

"无鸡不成宴",广州人对鸡的偏好,从粤语文化中各种俗语、谚语、歇后语等便可见一斑:"执死鸡"指幸运,"腾鸡"指慌乱,"捞鸡"指好结果,错过机会叫"走鸡",无证车辆叫"野鸡",三轮摩托叫"三脚鸡",两轮摩托叫"卟卟鸡",不好的结局叫"谢鸡",有一种懒惰叫"偷鸡",有一种安静叫"静鸡鸡",有种湿身叫"落汤鸡",有种胡子叫"二撇鸡",有种爱的印记叫"咖喱鸡",有种参与叫"咪走鸡",有种陷阱叫"黄脚鸡",连一块钱也叫"一蚊鸡"……

广州人吃鸡,白切鸡只是其中一种,豉油鸡、盐焗鸡、市师鸡、太爷鸡大家也耳熟能详,大眼强的桑拿鸡算是一绝,而小洲村"菜园鸡煲"的啫啫鸡,如果没吃过,真的是"走鸡"。

"菜园鸡煲"是真正的田园,经过"鹅公村",前面已经不见水泥路,相信导航,继续往前就是。餐厅一半是吃饭的,一半是种菜和养鸡养鹅。菜地和养鸡养鹅的地方,一条小溪就是楚河汉界,否则菜都给鸡和鹅吃完了。

啫啫鸡煲是这里的拿手菜,一只去毛去内脏的鸡,只占了啫煲三分之一的分量,目测一斤多一点。掀开煲盖,一阵鸡肉香伴着酒香扑鼻而来,用勺子再翻一下,"啫啫"声阵阵,口水流了一地,几双筷子一起伸向瓦煲——这般诱人的光景再有涵养的人也抵挡不住。

　　鸡肉嫩滑多汁，这源于对温度和时间精准的把控。鸡肉现宰后斩件，酱汁入味，烧热瓦煲后倒下鸡块，淋上广东米酒，高温快速焗熟，鸡肉核心温度达到65℃，蛋白质收缩，就已经熟了，富含鸡肉风味的汁液还留在鸡块中，这就是"嫩滑多汁"。与此同时，鸡肉的外表已经高达140℃以上，大分子的蛋白质分解为充满鲜味的氨基酸，焦化的表皮带来混杂着的花香和坚果香，这就是"香气十足"。滚烫的鸡块，诱人的味道，让人顾不得高温，鸡块在嘴巴里翻滚，变换着位置。确实受不了的话把嘴巴张开，倒吸一口冷气，也不愿意把鸡块吐出来。这样一块接着一块，几个回合，一煲鸡便只剩下鸡头和鸡脚了。再来一煲，也是秒光。

　　五指毛桃浸鸡也是广受好评的必点菜。五指毛桃是桑科植物粗叶榕的根，老广用它来煲汤，让汤带有迷人的椰奶香味。这种味道来源于五指毛桃所含的有机酸、氨基酸、三萜和香豆精。《药典》记载，五指毛桃味辛甘、性平、微温，具有益气补虚、行气解郁、壮筋活络、健脾化湿、止咳化痰等功效，可以治肺结核、气管炎、胃痛、水肿、闭经、产后瘀血、白带及乳汁稀少、乳腺炎、睾丸炎、风湿痛、跌打损伤等。现代科学证实补骨脂素为五指毛桃的主要活性成分之一，具有抗菌、抗病毒、抗凝血、抑制肿瘤、免疫调节等作用。这种迷人的椰奶香与鸡肉的香鲜搭配十分合拍。将五指毛桃用高压锅煲出味道，移到铁锅里加热至汤水翻滚,倒进鸡块后熄火,五指毛桃汤把鸡肉浸熟,鸡肉的味道留在鸡块里,鸡肉嫩滑,汤水浓香。

"菜园鸡煲"菜单上还有不少估计也不错的"鸡鹅菜",但已吃了三只鸡,蒸鸡、碌鹅只能留待下次品尝了。98元一只鸡,不可能是全程散养的走地鸡,但鸡有鸡味,估计现场宰杀贡献最大。因为对鸡肉来说,这个肉质柔嫩的"黄金时间"不会超过一个小时,之后,由于肌纤维能源耗尽,肌肉纤维的控制系统失效,蛋白质收缩,纤维便因此固定住,肉质因此变得坚硬,大量乳酸的释放,也会让鸡肉的鲜香变得逊色。

我们还点了几个菜:榄角蒸边鱼,火候掌握得真好,鱼嫩滑肥美;鸡杂炒丝瓜,丝瓜甜脆,好吃得又追加了一盘;豉油王鹅肠就一般了,火候有点过,已经不再爽脆;豆豉鲮鱼油麦菜也还不错,如果用鸡油或鹅油炒,会更有风味;鸡油焗饭妙不可言,虽然只是普通的煲仔饭,但鸡油的参与,让米饭更加饱满。米香带给人们的满足和脂香带来的酣畅,在一碗鸡油焗饭中得到完美体现。

也有不足之处 就餐餐桌几米远就养着鸡鸭,多少有点不太合适的味道,餐厅四面敞开,夏天只能靠风扇降温,估计酷暑时节就无法忍受了。

这顿饭八个人吃了530元,人均不到70元,真是"捞鸡"。这个餐厅,值得再次"吹鸡"!

叁 — 岭南街头风味

大眼强的三板斧

芳村"大眼强五杯鹅饭店",在大众点评按这个名字订位,在高德地图上按这个名字导航,都可以准确找到,但是现场却只见"大眼强"三个字的招牌,这里也根本称不上饭店,连农家乐都不如,就是在菜地上用大棚搭起上盖,用木板做硬底的简易棚架。但就是这么一个简陋得不能再简陋的地方,却吸引着城里的一众觅食吃货。

负责接待客人的是强嫂,大眼强带着两位女婿在厨房忙着宰鸡碌鹅,而大眼强的弟弟则忙着剥土豆皮、浸粉泡面兼做服务员——一家几口人,撑起了十几桌的生意。菜很简单,只有三样:鸡起片蒸,骨头在蒸锅里熬汤,送一篮青菜,可蒸可焯;五杯鹅,送一碟鹅杂炒青菜;主食是鸡蛋炒面、炒粉。这么简单的三板斧,却引来四方食客无数。

鸡选用的是清远骟鸡。但风味足的骟鸡也有致命的缺点,那就是鸡肉纤维粗糙,结缔组织丰富,这对烹饪来说是个挑战:不经长时间的炖煮,无法切断肌肉纤维并使结缔组织变性,导致肉难以咬动,但若长时间地加热,肌肉紧缩,则会把带有鸡肉风味的肉汁挤出来,导致没有味道。

"大眼强"很聪明地解决了这一难题:将鸡起肉,剔除了所有骨头和大量的结缔组织。薄切将鸡肉的粗纤维破坏,变成了细纤维,只需要在蒸锅里蒸2分钟,鸡肉蛋白凝固,刚刚熟,肉汁还保留在肉中,锁住了

风味岭南

蒸笼里的鸡肉

鸡的原味。强嫂为我们示范了一次，在蒸笼里铺上一层鸡肉，盖上盖子，大声地说："从现在算起，两分钟就可以吃了。"我们严格按照强嫂的指示操作，果然十分美味，皮是脆的，肉是嫩的，鲜中带甜，咸里有香。既吃到鸡肉的原汁原味，也有葱、姜、香菇特有的香味，而其中几根冲菜的咸鲜，起到画龙点睛的作用。

冲菜又名大头菜，是珠三角一带的传统风味名菜，其实是芜菁的一种，茎部不是圆形，而是菠萝状。经盐渍腌制后呈金黄色，脆嫩甘香，咸中带甜，味鲜独特，是蒸肉、蒸鱼的极佳搭配。冲菜最出名的产区在江门市蓬江区荷塘镇，故称"荷塘冲菜"。珠三角顺德、东莞等地也从荷塘引进栽培，其栽培历史已有200多年。这种味道已经成了珠三角地区人们的乡愁，如同川渝地区的榨菜，潮汕地区的菜脯。"大眼强"用冲菜、香菇、葱、姜、虫草花、生抽、糖对鸡肉简单腌制，酱汁只是附着在鸡肉的表面，既为鸡肉调味，又不至于掩盖鸡肉的原味，蒸熟了蘸上姜葱蓉，让人停不下筷子。

随鸡送来的一篮青菜，是"大眼强"在旁边自家种的当季油麦菜和生菜。吃完鸡把菜放到蒸笼里蒸，蘸上调配的酱油。由于正当季，菜又甜又有香味。这种最简单的烹饪方法，居然把油麦菜和生菜的菜味表现得如此彻底，我们不禁大声喊强嫂再加一篮青菜。强嫂"佛系"地不予回应，不过，一会儿就把一篮青菜拿过来，还是免费的。原来，她是忙到没空应答！吃完鸡肉，到了喝汤环节，鸡骨与不

方便拆肉的部分与胡萝卜、甜玉米煲出来的汤，还过得去，不算特别出彩。但在这种地方有这种汤喝，也该满足了。"大眼强"第一板斧"桑拿鸡"，一鸡两食加青菜，280元一只。

"大眼强"的第二板斧是五杯鹅。老广喜欢吃鹅，潮汕人吃卤鹅，广府人吃烧鹅，珠三角还流行五杯鹅和碌鹅。热油起镬，将珠三角特有的乌棕鹅在热镬里爆香，整只鹅在大镬里"碌来碌去（滚来滚去）"，这就是碌鹅的出处。超过140℃的温度，让鹅肉发生美拉德反应，高温使鹅肉的大分子蛋白质分解释放鲜味成分，还有一系列中间体还原酮及挥发性杂环化合物，经过复杂的历程，最终生成棕色甚至黑色的大分子物质类黑素。加上水和生抽、白醋、砂糖、油和酒这五种调料各一杯，焖煮约40分钟，再收汁，就是

蒸五杯鹅

五杯鹅。而用豆瓣酱、姜、蒜头、老抽取代白醋,就是碌鹅。

"大眼强"五杯鹅之所以出名,主要是有足够的耐心:让一整只鹅在热镬中"碌"得够时间、够均匀,鹅肉才够香;焖够40分钟,鹅肉的粗纤维才会被破坏,吃起来才不会粗糙;大火收汁掌握好,也才入味。也因此,吃这道菜要提前一天预约,否则他们没有足够的时间准备。"大眼强"的五杯鹅与众不同之处,在于醋香味十足,我还吃出了陈皮味。这道菜特色分明,上菜时鹅肉斩件,下面垫上蒸熟去皮的土豆,五杯汁渗入土豆中,也是不错的一道菜。至于鹅杂炒油麦菜,倒没有什么特别,不如蒸油麦菜好吃。"大眼强"这第二板斧,也收280元。

"大眼强"的第三板斧是蛋炒面和蛋炒粉。面和粉是半成品,把它泡散后,耐心地晾干,时不时地挑散,不让它们纠缠在一起,只是用鸡蛋和青菜炒,用极少的油,吃起来不会油腻。这板斧的精彩之处是所配的辣椒酱香味十足,咸味很淡,辣度较轻,符合不太会吃辣的广东人对辣椒酱的审美要求。就因为这个辣椒酱,我忍不住吃了一碗炒面,两碗炒米粉。问强嫂这辣椒酱能不能单独卖,强嫂如实相告,他们用的是"中邦蒜蓉辣椒酱",在京东或淘宝就可以买到,不到10块钱就有一瓶,还包邮。这第三板斧,每盘35块钱。

这顿饭,八个人吃了630元,人均80元都不到,把大家吃撑之余,还剩大半只五杯鹅打包带走。一家简陋到只有一把电风扇、三个菜的小餐厅,生意却如此火爆,好味

风味岭南

蛋炒粉

道之余,价格低廉也是其中的关键。强嫂说,来的都是熟客,开业四年,鹅的进货价从一斤20元升到23元,但他们还是卖280元一只,多涨几十元发不了财,赚的就是一份打工钱,一天从早忙到晚,连出去喝早茶的时间都没有,幸好热天就快到了,他们可以休息几个月,天气太热,他们就无法开张了,没有隔热,没有空调,谁还吃"桑拿鸡"?

老广的美食价值观,骨子里是认同"大眼强"这种风格的,只要味道好、价格低,那么菜式简单、条件简陋、服务佛系都不是问题,这种"务实",在酒足饭饱扫码支付的那一刻,心中的窃喜涌上心头,有没有?

霜降吃羊肉

风味岭南

霜降,是秋天最后的一个节气,过了之后就要入冬了。当然,二十四节气这一套,对广州人来说基本没什么市场,像今天的天气,最高气温34摄氏度,在家里穿短袖短裤还要开空调,连秋天都还没到,又谈什么结束嘛。

古时候民间对节气的回应,除了农事,就是吃点什么。霜降这天,对于吃什么,各地有自己的讲究。北方的柿子、南方的柚子正是季节,当然逃不了人们的选择,但这些毕竟是水果,菜呀肉呀更与进补贴近一些,也就少不了一番讲究,比如山东就有"处暑高粱,白露谷,霜降到了拔萝卜"之说。这个时节,山东的萝卜被霜冻过,确实好吃,"十月萝卜赛人参",老百姓一向不缺自我安慰的智慧。而在广西玉林,这里的居民习惯在霜降这天,早餐吃炒牛河,午餐或晚餐吃牛肉炒萝卜,或是牛腩煲之类的来补充能量,祈求在冬天里身体暖和强健。霜降这天,闽南人也要进食补品,"一年补通通,不如补霜降",在闽南地区,每到霜降时节,鸭子就会卖得非常火爆,姜母鸭和各种鸭汤成了大家抗拒严寒的美好寄托。

广州人平时对羊肉没什么热情,但天一转冷,大家一定会想起吃羊肉,这多少还是对得起"羊城"这个称号。称广州为羊城,跟这个地方是不是盛产羊、这里的人喜不喜欢吃羊肉没关系,这来自一个传说,典出晋朝裴渊的《广州记》:"五羊衔谷萃于楚庭"。

裴渊的《广州记》，写的是广州及附近的各种特色，有的靠谱，有的不靠谱，不怎么吃羊的羊城就这么不靠谱地因而得名。

地处亚热带的广州，披着一身长毛的绵羊肯定无法在这里生存，膻味更浓的山羊才适合这里的气候，而广州人却很怕羊肉的膻味，涮羊肉、手抓羊肉、各式烤羊，肯定是外来餐厅。本地人的做法是羊肉煲，各种去膻大法通通用上——焯水、煸炒、加姜、大料、辣椒、陈皮、竹蔗、马蹄、胡萝卜、大蒜、柱侯酱等，都希望能把膻味赶走。

其实，上述各种办法基本上都赶不走膻味，膻味的元凶是羊肉里的短链脂肪酸和支链脂肪酸，它们是脂肪酸的一种，所以越肥的地方膻味越浓。这些脂肪酸是羊吃草产生的附属品，所有吃草的动物都有。少量的短链脂肪酸和支链脂肪酸是香味，这也是大家喜欢羊肉的原因，但大量的短链脂肪酸和支链脂肪酸就是膻味了。脂肪酸是一种脂肪，它不溶于水，焯水对它起不了作用。它也不溶于大料和辣椒等香料，也不与之产生化学反应，所以香料对它们束手无策。竹蔗、马蹄、胡萝卜贡献了甜味，糖分对它们也只能袖手旁观。有点作用的是姜和大蒜，硫化物可以分解部分短链脂肪酸和支链脂肪酸，如果加点硫化物更丰富的洋葱，效果会更好。

老广的这种做法，虽然赶不走膻味，却收到了入味的效果：各种香料和柱侯酱赋予羊肉新的香味，各种含糖食材带给羊肉水果的甜味，把膻味掩盖了。大家围着热气腾腾的炭火羊腩煲大快朵颐，炭火的香气也赋予了羊肉另一

风味岭南

羊肉煲

种味道。部分膻味是挥发性的，边煮边吃的羊肉煲，既尝到羊肉从烟韧到软烂不同口感的美好，膻味也因加热被赶走了一部分——当然了，人们吃饱回家的时候还带走了一股羊肉味。

七寸飞大饭店是"卤味研究所"两位所长的另一杰作，他们软泡硬磨，把原本一年只做几个月生意，偏安一隅的"大乡里"带出来，让更多人可以吃到这一美味。"大乡里"羊肉煲被食客追捧，自有其独特的秘籍，比如像老广做狗肉一样先用广东三宝之一的禾秆草烟熏羊肉。禾秆草萜烯类的香气通过烟熏附着到羊肉里，这是增香；秘而不宣的酱汁，随时加进来的羊骨汤，都让这煲羊肉缠绵着各种莫名的美好；将羊肉按部位卖，尤其是羊靴的糯、羊脸肉的滑、羊腩的烟韧、羊粉肠的香、羊肚的爽脆、纯羊肉的实惠，将一只羊玩出了品位，玩出了档次。大块吃肉、大碗喝酒，之后添加的萝卜、芋头、腐竹和各种杂菜，吸足了酱汁，那种迷人的味道直教人忍不住叫上一碗腊味饭。一顿饭，有肉有菜有主食，老广骨子里的创新和务实，就在这一煲羊肉煲里。

肆 岭南豪宴

风味岭南

椰林海鲜码头,广州吃生猛海鲜好去处

椰林海鲜码头的海鲜池

    好大哥欧汉的孩子参与投资了一家海鲜餐厅,位于广州CBD珠江新城云来斯堡酒店三楼的椰林海鲜码头,大哥邀我到餐厅品鉴,于是约上一班旧同事、老朋友前往。

    椰林海鲜码头是近几年在广州异军突起的品牌。我第一次认识到这个品牌,还是在它们的富力盈信大厦店。这个店的老板杨耀添兄我很熟悉,开这个店充满着断臂求生般的壮烈:在经营大型日料店富田菊获得巨大成功后,他简单复制富田菊模式,没想到市场方向变了,新店生意并不理想。耀添兄果断地改变思路,将已投资的几千万装修果断砸掉,开起了大众化、量贩式的平价海鲜店椰林海鲜码头——一进门就是一个超大的海鲜"集市",各式海鲜生猛地呈现在客人面前,规模优势让他们可以比其他店更便宜，面对琳琅满目、价格不高的海鲜，喜欢生猛海鲜的老广很难不被吸引；房间不求奢华，服务只是适度，这很符合老广务实的价值观，人均两三百吃海鲜，让生猛海鲜走"群众路线"，于是客似云来。海鲜从水中捞起来，上秤前甩三下，诚信是秤不欺客，更是让人放心。

遗憾的是，听说我来吃饭，他们准备了一桌隐藏菜单，集团研发总监亲自督战，师傅们精心准备，我想吃他们平时出品的菜却吃不上。当然了，这桌精心准备的饭菜显示出了他们烹饪海鲜的超凡技艺，如果想吃，提前预约也是可以吃到的。

国际化表达的六道前菜后，主角"龙腾锦绣刺拼"海鲜刺身上来。活杀的澳大利亚龙虾，既鲜又甜还脆，还在摆动的龙虾爪证明着它的新鲜。超级新鲜的金枪鱼的脂香，肥成一坨的马粪海胆的鲜甜，让堆成巨大海鲜刺身船的豪横显得内涵十足。依次尝完这三种各有特色的海鲜刺身后还有一种吃法，师傅们把这三种海鲜堆叠在一起，只要你嘴巴够大，一口将这三者塞进去，肆无忌惮地嚼，鲜、甜、香、糯、脆一起发起冲刺，不得不闭上眼睛才能承受得了如此霸道的冲击。这种吃法很广东：主打一个生猛，低调但不缺豪横，第一个菜就必须把客人征服，不鸣则已，一鸣惊人。当然了，剩下的龙虾头爪会用椒盐做法再变成一道下酒菜，吃不完打包回家，老广骨子里豪横过后的务实，他们完全可以满足。

汤品"高原鸡汤氽皇帝蚌"，显示出他们处理海鲜可

龙腾锦绣刺拼

以很豪横，也可以很细致。萃取出清鲜的鸡汤，浇入盛着薄切加拿大象拔蚌的碗中，滚烫的鸡汤把象拔蚌烫熟，鸡汤的游离氨基酸和鸟苷酸遇上象拔蚌的游离氨基酸和核苷酸，几种鲜味物质的"勾搭"，奉献出鲜美无比的汤品，貌似清澈，味道上却是浓得化不开。这种低调是故意的低调，这也很广东。

"招牌椰皇肉汁帝王蟹"是他们的招牌菜，这个菜不需预约也可以吃得到。将长脚的帝王蟹大卸八块，让客人不费劲地吃到，这对有着极好刀工的日料店来说那是毫不费劲，椰林海鲜码头则以熟能生巧见长，让砧板小弟在海鲜展示区公开表演，如削甘蔗般处理长脚蟹腿的娴熟功夫吸足眼球，也让本来不想消费的客人忍不住打开钱包。营销有术之外，更重要的是烹饪有方法，用上椰子水，那是用甜味掩盖了帝王蟹色氨酸所带来的轻微苦味。加上肉汁，那是给帝王蟹补上略显单薄的谷氨酸，鲜味一下子得以提高。这样的组合是对帝王蟹的充分理解，没有一种食材是十全十美的，师傅们能认识到帝王蟹的不足，烹饪上加以弥补，不得不佩服！

粤菜的精彩还在于很包容，善于学习别的菜系之所长并为我所用，下面的这几道热菜都反映出这一特点：炙烤潮味大响螺配烧椒酱，将潮州味道和四川味道联合起来；腌渍野山橘蒸游龙东星，那是让粤味加上云贵味；家烧花胶黄金鳘，大方地让浙江味道为粤菜的顶流食材黄金鳘花胶赋能；香煎顶级和牛伴鲜蔬黄油菌配蘑菇汁，让日本和

招牌椰皇肉汁帝王蟹

牛和云南菌菇与法式味道碰撞；沸腾油泼三宝，干脆让川味狂野撒欢，只是将麻辣味控制在老广可以接受的范围。烹饪海鲜是粤菜的强项，椰林海鲜码头用海纳百川的视野烹饪海鲜，这又何尝不是粤味？

当然了，地道的粤菜对他们来说更是游刃有余。玻璃脆皮妙龄乳鸽皮脆多汁，烧鹅出品一向稳定，潮味咸菜浸生蚝做得比潮州菜馆还地道，竹笼蒸原味鲜百合素得干净，山泉水煮菜心嫩得贴心，海胆炒饭粒粒分明还镬气十足。这些菜毫不张扬，却安分表达着他们各自的精彩，粤菜就是这样，该出彩的高调出彩，该安分的也会做个出色的配角。

生猛海鲜曾经是粤菜的明显标志，但随着野生海鲜的匮乏，养殖海鲜的乏味，生猛海鲜似乎失去了往日的精彩。

椰林海鲜码头走出了另一条道路：引入国外海鲜，品种上更加多元，这弥补了国内野生海鲜资源的不足；使用养殖类的甲壳类海鲜，甲壳类海鲜本身就不好动，养殖与野生的风味几乎没有差别，由于养殖的甲壳类海鲜觅食无忧，生活环境可控，味道甚至比野生的更好；虽然养殖的鱼味道稍为逊色，那就在烹饪上下功夫，取长补短。这条道路我看是走通了，粤菜生猛海鲜的精彩又回来了。

更关键的是，丰俭由人，还不会太贵，请客人吃生猛海鲜，这面子也赚够了。

这几招，行！

如果有人说指橙与老香橼是近亲，你会相信吗？但这居然是真的。

🖋 指橙

指橙，是近年高端餐厅出现的新贵，如鱼子酱般铺在肉上，和肉一起吃。牙齿轻轻一咬，指橙在口腔瞬间爆炸，带来酸酸爽爽的味道和口感。这种酸，比白醋温柔一些，但依然十分浓烈，酸而不呛，就是对它最好的诠释。

叫它指橙，顾名思义，就是长得像手指的橙，那种如鱼子酱的颗粒，就是指橙的果肉。这种原产于澳大利亚东部和新几内亚岛东南部的热带雨林地区的芸香科柑橘属植物，之所以被称为水果中的鱼子酱，原因有二：第一，它价格高昂，一斤超过500元人民币，还是连着皮的；第二，指橙的果肉形状也与真正的鱼子酱十分相似，同样都是密密麻麻的小颗粒聚集在一起，带着鲜艳的色泽。指橙有多种颜色，比较常见的颜色有小清新的绿色、端庄淡雅的粉色、热情如火的红色，以及看起来就很酸的柠檬黄，此外还有紫色、黑色、蓝色等。

不过一个橙子，价格如此高昂，什么营养呀、功效呀，都不可能是影响它价格的因素，唯一的原因就是稀缺。这种产于热带雨林地区的植物，喜欢

指橙

温暖湿润的环境,受不了寒冷,相较于它的亲戚橙子和柠檬,指橙对温度和日照的要求更高,只要温度低于10℃就可能导致指橙的生长发育过程受挫。苛刻的生长条件让指橙走向世界的引种培育之路困难重重,直到1977年,我国才从美国引进指橙并栽培成功,但至今仍无法广泛推广。

指橙如此稀缺,还因为指橙有一个极难消灭的天敌——蜱(pí)。这种节肢动物体形极小,大概只有火柴棒的头那么大。它是一种寄生动物,经常长在鸟和爬虫身上,主要以吸血为生,同时,它们也对指橙有极大侵害,不仅叮咬指橙树木,还会掏空指橙的果肉,在指橙的生长形势蒸蒸日上时,蜱的数量也越来越多。更要命的是,蜱的天敌极少,比较靠谱的只有珍珠鸡。珍珠鸡有着珍珠般花纹的羽毛,它善于飞行,喜欢用爪子挖食昆虫、种子和块茎;牛羊身上的虱子、果园中的蜱就在它的食谱中。

铺在肉上的指橙

老香橼

就如看到鱼子酱般的指橙果肉,你不会想到如手指般的指橙,在潮汕地区,看到一坨黑乎乎的东西,挖出一块煮水喝,酸酸甜甜的,你也不会想到它来自香橼或者佛手。

与指橙同为芸香科柑橘属的香橼,也称香泡,长得像柚子,主产于浙江、江苏、广东、广西、福建和云南等地。东汉杨孚在《异物志》中称之为枸橼。唐、宋以后,多称为香橼。宋朝的宰相,杰出的天文学家、天文机械制造家、药物学家苏颂在《本草图经》中对香橼做了详细的描述:"枸橼,如小瓜状,皮若橙,而光泽可爱,肉甚厚,切如萝卜,虽味短而香氛,大胜柑橘之类。陶隐居云性温宜人,今闽、广、江西皆有,彼人但谓之香橼子,或将至都下,亦贵之。"陶隐居就是陶弘景,"味短而香氛",意思就是味道不好,但闻起来挺香的。

苏颂的说法是对的,香橼的外表很具欺骗性,其黄灿灿的外表和令人垂涎欲滴的香味,会令人不由得对它产生许多美好的联想,可吃到果肉,那是又苦又酸又涩,令人大失所望。晋朝的裴渊在《广州记》中曾提到:"枸橼树以橘如柚,大而倍长,味奇酢,皮以蜜煮为糁。""酢"字同"醋",可见香橼的味道有多酸,要用蜂蜜来煮,用甜味盖住酸味,这已近似潮汕老香橼的做法。这部《广州记》对广州非常重要,"五羊衔谷萃于楚庭",广州称羊城就出自这里。当时的广州人是吃香橼的,如今,这东西只留

香橼

在潮汕了。

佛手是香橼的变种之一，香橼的外形类似柠檬，平淡无奇，而佛手在成熟的时候会开裂，从果实的中上部直到尾端，分裂如掌，玲珑可爱。

好看不好吃的香橼，有一个用途：闻香。宋代唐慎微的《证类本草》中提到香橼的"香氛大胜柑橘之类，置衣笥中，则数日香不歇"。这种利用更贴近自然的果香烘染衣物，使屋内盛香不止的习惯，从唐宋就开始出现，到了明清时期更是风靡一时。据说慈禧太后就喜欢在储秀宫墙角的荷花缸装满绿橙、佛手和香橼，宫人们称之为熏香缸。

根本无法入口的香橼和佛手，潮汕人却通过一系列复杂的程序，将它变成"潮州三宝"（老香橼、老药桔、黄皮豉）

之一。制作老香橼，要经过九道工序，谓之"九制"，包括清洗、破皮盐渍、晒干、再清洗、锅蒸软化、糖渍、糖锅处理、玻璃晒场晒干、入库储存等。老香橼之所以叫"老"，指的是入库储存的时间，储存时间越久，陈香味越浓，具有消食开胃、去脂减肥、消痰止咳等多种功效。顺便说一句，潮汕有的地方将"老香橼"写成"老香黄"是错误的。

指橙与香橼

价格令人望而却步的指橙与香橼的变种佛手，就是一只手指和多只手指的区别，这也揭示了它们之间有着某种联系。

植物学博士史军为我们揭开了这个谜底：柑橘家族起源于喜马拉雅地区，800万年前的中生代晚期，来自海洋的季风戛然而止，干旱时代的到来，使柑橘家族开始了自己的征程：在600万年前，在向西扩展的柑橘中，产生了皮厚肉少的香橼，而向南的一路，出现了柚子。这支南下大军以东南亚诸多岛屿为跳板，到了澳大利亚，在400万年前，变出了指橙。

600万年前，香橼和指橙还拥有同一个祖宗，今天却形同陌路，不过我们却时常可以在高档的潮汕餐厅看见它们的相逢：喝着老香橼茶水，夹上一块指橙点缀的卤鹅肉，六万世纪的分离，居然就在唇齿间相聚。

所谓"相见恨晚"，不过如此。

风味岭南

瑰·茶厅，贵的茶餐厅

茶餐厅，源于香港。英国人有喝下午茶的习惯，优雅得很，港版的下午茶，就是茶餐厅。在寸土寸金的香港，茶餐厅当然不能只是喝下午茶，早餐、中餐、晚餐、宵夜都做，面对的是普罗大众，于是茶餐厅就有以下特点：一是食品多样化，除了中式及西式的食品，更有不少香港特色的饮食；二是讲求效率和翻台率，和不认识的人搭台吃饭是常事，茶餐厅一般都不收小费，服务就没那么周到，顾客要自行到收银处结账；三是食品价格亲民，毕竟环境和服务没那么讲究。

在珠江新城广粤天地弄一个茶餐厅，当然必须高档一些。英伦风格的设计，入门一个超大的茶饮空间，已经足以吸引眼球，相对宽松的就餐环境，也与"高端"沾上了边，两个独立房间，更是可以满足不差钱的人士的需要，半开放式的厨房，让你放心之余，也多少会对那些游弋的生猛海鲜打起了主意。

斯里兰卡的大肉蟹，一只两三斤，牛油蒜蓉、香辣忘忧两种吃法，肉汁得以保留，所以嫩滑鲜甜。整蟹上桌展示完后，服务员拿回去认真地修剪，大蟹钳也敲打得很仔细，只需要用手轻轻一揭，就露出雪白肥美的大腿肉。生猛游水的东星斑，肉质肥嫩，虽然是养殖的，鱼味稍微差一点，但用火腿、香菇一起蒸，弥补了它的不足，恰到好处的火候，鱼肉不老，火腿不生，这是高手才可以拿捏得出来的。一问，此间高手果然不简单，原来是澳门米其林三星誉珑轩的副主厨卢艺池师傅，难怪这两个大菜的出品均具有大师风范。

茶餐厅是吃快餐的地方，检验茶餐厅的水平，不是品尝奢华菜式，而是那些快手菜。顺德家乡花胶拆鱼羹，将鱼去骨，拆成鱼蓉，做成羹，鲜得精细，加上花胶粒，糯得令人满足，配上一碟胡椒粉，加多加少随意，想得周到。这个顺德拆鱼羹的升级版，因为有了花胶，层次立马上来。三色香辣黄金脆壳蟹，脱去硬壳的软壳蟹，完全失去抵抗能力，全身皆软，都可以吃，不过，这种美味只有三天，之后它就长出硬壳。将软壳蟹入味油炸，再用三种颜色的泡椒入味，辣没掩盖鲜，鲜中又有香，喜庆的颜色诱发食欲，一大盘辣椒，声势浩大，但贴心的微辣，却是照顾了老广不太会吃辣的偏好。

炒米粉是粤菜的家常菜，东南亚也流行炒米粉，香港把新加坡炒米粉引进来，就叫"星洲炒米"，不论英文怎么写，都少不了 Singapore Style。既然是新加坡式，自然少不了微甜微辣的咖喱酱。这是一碟配菜比米粉多得多的炒米粉，爽脆的虾球，甜香的叉烧丝，香喷喷的鸡蛋丝、洋葱、韭黄、红椒丝，清清爽爽不抱团，甜辣鲜香爽滑，这么复杂的味道和口感，彻底把我征服，连吃了三碗。青菜是大多数高端餐厅的短板，这主要是因为青菜不利于提高客单价，往往不被重视，在厨房里，青菜也经常沦为"练手菜"，由刚学炒菜的师傅承担。这个酥脆鱼汤浸菜苗是少有的精品：选用白菜苗，够嫩够甜；用杂鱼熬出的奶白色鱼汤，谷氨酸和甘氨酸带来了鲜味；油炸的鱼粒，酥脆之余又增香增鲜；几粒枸杞点缀，红绿黄白构成一个漂亮的图案。这是一道功夫菜，值得为功夫埋单。

惊艳到我的是这里的粥：水米交融带来粥香，肉碎释放出来的谷氨酸和拆丝干瑶柱释放出来的甘氨酸、琥珀酸协同作战，鲜味十足，菜心粒带来萜烯类的独特香味，既舒了心，又爽了胃。

别看老广到处都是粥，但广府、潮汕的粥就截然不同，各有不同的价值取向，即便是潮汕地区，粥的表现也各不相同。不过，万变不离其宗，基本上也就是这三种表现：有的喜欢粥水分离，"水还是水、渣还是渣"，仿如泡饭，追求米的颗粒感；有的喜欢粥水交融，追求米香和颗粒感的平衡；有的居然把米全熬化了，称为"明火白粥"，也叫"无米粥"，完全沉迷于粥水的绵滑和浓香。

大美食家袁枚在《随园食单》里给这三种粥做了评价："见水不见米，非粥也；见米不见水，非粥也。必使水米融洽，柔腻如一，而后谓之粥。"按照这套标准，广府的明火白粥、"无米粥"属于"见水不见米"，潮汕的似泡饭般的粥"见米不见水"，都不合格。瑰·茶厅的这碗粥，是典型的"水米融洽，柔腻如一"。大清时做过云南、川陕、两江总督，文华殿大学士兼翰林院掌院学士的尹继善也说"宁人等粥，毋粥等人"，这个餐厅的粥是即点即做，也符合这个标准。

我个人是喜欢这种"水米融洽，柔腻如一"的粥的，每天早上必须来两碗，而且百吃不厌。从烹饪科学上讲，煮粥就是大米的淀粉糊化的过程。大米的淀粉有支链淀粉

肆 — 岭南豪宴

三色香辣黄金脆壳蟹

风味岭南

水米交融的粥

和直链淀粉,最先糊化的是支链淀粉,然后才是直链淀粉,淀粉糊化有利于身体吸收,当然升糖指数也就上来了。"粥水分离"的粥,就是连支链淀粉都还没充分糊化,米香释放不完全,没有和配菜的风味抢风头,也不容易糊,喜欢清清爽爽和品尝配料风味的,可以选择这种粥。"无米粥"就是让支链淀粉和直链淀粉完全糊化,米香足,升糖指数也最高。"水米融洽"的粥就是支链淀粉糊化,直链淀粉没糊化,既有米香,升糖指数也适中,属于"中庸"型,很符合中国传统文化的价值观。

这是一个十分讲究的茶餐厅,一改传统茶餐厅简陋喧闹的风格,食物也十分讲究,配茶也走中国特色,适合对价格不太敏感,对就餐环境和食物品位有要求的客人,是港式茶餐厅的升级版。

肆 — 岭南豪宴

老广的味道

外地朋友来广州,让我推荐有代表性的粤菜餐厅,炳胜总在我推荐的名单之中,原因是炳胜很能代表老广的味道,出品超稳定,不一定有惊喜,但一定不会出错,而且价格合理,符合老广"平、靓、正"的消费观。某天,炳胜老板全哥说推出了新菜,约朋友聚一下。其中,几个新菜,给我留下了深刻的印象。

三十年陈皮佛跳墙:抛开陈皮究竟是不是三十年的不论,这个"广式"佛跳墙突出了鲜味,当成汤菜十分合适。佛跳墙是闽菜的代表菜,传统的佛跳墙,通常选用鲍鱼、海参、鱼翅、花胶、牦牛皮、杏鲍菇、蹄筋、花菇、墨鱼、瑶柱、鹌鹑蛋等汇聚一堂,加入高汤和福建老酒,文火煨制而成。各种鲜味氨基酸汇集一堂,花胶、牦牛及蹄筋加热后胶原蛋白释放出明胶,带来软糯的浓稠感,软嫩柔润,浓郁荤香。但是,对于不缺营养的现代人来说,这样的组合未免太过浓稠,吃完感觉特别腻。炳胜对它们来了一个大改造,大胆采用减法,仅用澳大利亚鲜鲍、花胶和海参、青皮翅,加高汤炖煮。高汤和鲜鲍贡献了鲜味,花胶贡献了一点黏糯,海参和鱼翅几乎没有什么味道,吸收了高汤的鲜和花胶的黏糯,高贵的外表一下子也有了丰富的内涵。

与传统的佛跳墙比,这个汤鲜而不腻,浓稠度下降,适合当汤喝,而内容却是老广心目中的"坚嘢"(好东西),一点也没削弱它的高大上形象。用料上,传统的佛跳墙比炳胜的用料还多了牦牛皮、杏鲍菇、蹄筋、花菇、墨鱼、瑶柱、鹌鹑蛋，但为什么炳胜的佛跳墙却给人更高贵的感觉呢？这也是减法效应的功劳，有时去掉一些配角，主角就更突出了——老广的木棉、凤凰树开花时异常灿烂，那是它们开花时绿叶特别少的缘故，粤语"花多眼乱"，说的也是这个道理。减去这些"唔等使"（不中用）的配角，突出了鲍、参、肚、翅四大干货，其实是成本的降低，反而给人"干货满满"的印象，加上"天晓得"的三十年陈皮，这个汤既好喝又有面子，价格也不会太高，很符合老广"平、靓、正"的价值观。

肉汁炳胜辣蒸波士顿龙虾：肉饼是老广的家常菜，在这里，它的任务是用来垫底的，顺便贡献出肉汁，肉汁的谷氨酸与龙虾里的肌苷酸、琥珀酸协同作战，把龙虾的鲜味提高了二十多倍。鲜味是如此难以捉摸，谷氨酸、肌苷酸、鸟苷酸、天冬氨酸、琥珀酸等都有鲜味，但单一呈鲜味的氨基酸，一加一并不等于二，而是大于二。龙虾有鲜味，但龙虾也有点微微的苦味，这是因为龙虾也富含色氨酸，色氨酸就是苦的，潮州菜蒸龙虾一般都配上一碟甜味的橘油，就是让甜味盖住苦味。炳胜的绝招是在龙虾上面铺上一层自制的剁椒。这是全哥给老广定制的一种"炳胜辣"：黄椒切丁，配以多种味料精制，入坛发酵四十五天，得到了迷人的微酸微辣，用以搭配海鲜。

湖南农业大学食品科学技术学院的叶陵、王晶晶和王蓉蓉等人在《剁辣椒发酵过程中菌群与有机酸变化规律分

肆 — 岭南豪宴

陈皮佛跳墙

析》中，帮全哥揭开了剁椒香鲜的秘密。剁椒发挥作用的主要是植物乳杆菌、短乳杆菌等乳酸菌，全哥采用自然发酵法，剁辣椒发酵过程中 pH 值随发酵的进行而降低。因为是自然发酵而不是接种发酵，所以这种来自乳酸、苹果酸、柠檬酸的酸味酸度较低，太酸老广接受不了。微酸微辣，既不会抢了龙虾的鲜味，也掩盖了龙虾中色氨酸的苦味，用于与其他海鲜搭配，还可以掩盖海鲜的腥味。不得不说，炳胜太会运用食材了。

最近贵州的酸汤很流行，各个菜系也都大胆引进，做出有自己特色的酸汤菜，全哥也不甘落后，做出了自己的"炳胜酸汤"。贵州的红酸汤，用的是野生西红柿毛辣果，直接剁碎，放在罐子里，老汤做引子，放上几天就发酵完毕。只要一加热，酸汤里的有机酸、醇类、酯类、醛类和酮类，如乙醇、醋酸、乙酸乙酯、2,3-丁二酮等就忍不住寂寞，蜂拥而出，又香又酸，又酸又爽，让人抵挡不住。

全哥觉得这个味道很迷人，但对老广来说，这种酸爽也未免太强烈了，有必要捣鼓出一种酸味不那么浓烈刺激的酸汤。他采用新疆番茄，剁碎后放进罐里发酵三个月，更多的糖分，更少的乳酸，做出来的"炳胜酸汤"，酸度自然就降了不少。全哥还不放心，做菜时再加新鲜的新疆番茄，对"炳胜酸汤"进一步稀释。把酸汤煮开，放入发好的鱼翅，本来没有味道的鱼翅瞬间也酸爽了起来。老广吃鱼翅总喜欢往高汤里倒上醋，全哥干脆来个酸爽鱼翅，这种酸，很适合老广的口味偏好，虽然对云贵川的客人来

肉汁炳胜辣波蒸土顿龙虾

说就不痛不痒了。

  我更喜欢的是炳胜对粤菜的求新和求变。老广很包容，粤菜善于学习和吸收，将别人的味道改良成老广的味道，这是炳胜的进取，值得尊敬，也值得一试。

肆 — 岭南豪宴

广州终于有了真正的顶级餐厅

作为如假包换的老广,我对粤菜的喜爱自不待言,对广州精致餐饮的相对落后,我一样口无遮拦。千呼万唤,终于迎来了一个顶级餐厅:全新的好酒好蔡。

厨神蔡昊一向以走在前面示人,在广州取得巨大成功后,他把相当多的精力放在了香港和北京的市场,疫情初期更是一心一意待在香港。一年多过去,当他重回广州,发现曾经领先于行业的好酒好蔡,无论是就餐环境还是服务,甚至是一向不缺创新的菜品都已经显得落后了。他决定来一次彻底的改变,放弃仍是生意兴隆的老店,在广州的 CBD 珠江新城另起炉灶,一个投资超过 2500 万元的顶级餐厅诞生了。

一流的就餐环境,是顶级餐厅的标配。新的好酒好蔡,坐落于珠江公园边的尚东·柏悦府二楼,闹市里的安静,大有"大隐隐于朝"的气息,方便又不失私密,不论是商务应酬还是朋友聚会,都极为合适;阔落的空间,心情一下子放松了下来;明亮温馨的风格,给人舒适和亲切的感觉;没有一处显示出奢华,这很符合老广的审美标准:炫富和自称贵胄,都是假冒伪劣产品,一切看起来很舒服和不张扬,正是老广喜欢的"低调的奢华"。

好酒好蔡原创的餐前暖胃汤、牛油果官燕,引来无数效仿,而脆皮猪手和酸辣面,至今无人能够复制抄袭。新店开张,蔡昊兄自然少不了推出若干新菜,笔者试了几个,确实出彩。

头盘的三椒豆腐，是蔡昊兄对粤菜不善于表达辣的不服气。尽管蔡昊兄一向反对用菜系束缚手脚，但底子里根深蒂固的潮州菜基因却无论如何也挥之不去。与我私底下交流时，他认为不善于表达酸和辣是粤菜的缺陷，于是他研发出酸辣面。参加了张勇兄带队的寻访湘菜之旅，回来后他就研发了这道三椒豆腐：来自普宁的布仔豆腐油炸，蛋白质经历了高温，瞬间分解出氨基酸，这是鲜味的来源，而加了番薯粉的普宁布仔豆腐，淀粉糊化带来的细腻，轻抚着舌尖。由鲜辣椒、干辣椒和泡椒组成的三椒军团，在带来了香和辣的同时，泡椒也贡献了鲜。吃这道菜，要先咬一口豆腐，感受油炸豆腐的鲜，再勇敢地把辣椒填进又嫩又白的豆腐里，感受辣椒军团带来的香、辣、鲜。辣不掩鲜，是这道菜的高明之处。

第二道头盘菜一口虾饼，是对传统潮州菜虾饼的改造。传统的虾饼，采用壳比较软的小虾，硬了和大了都不行，会扎嘴。番薯粉和面粉调成糊，虾放在上面油炸，斩件上碟，蘸橘油吃，酥脆中带着香、鲜和甜。现代人的口味已经有了变化，减油减甜减淀粉，表现虾的鲜味是这道菜的亮点：将虾肉压成泥，配上肉末和马蹄粒，虾肉的核苷酸、琥珀酸与肉末的谷氨酸相遇，鲜味提高了二十多倍，马蹄粒的加入，贡献了甜和脆，裹上薄薄的一层天妇罗粉油炸，这样油也少了，淀粉也少了，而酥脆依旧，鲜味更加突出。传统的橘油，其实是柑橘的浓缩液，在物资匮乏的年代，这种极甜的酱汁给人带来极大的愉悦感。而现在大家普遍

三椒豆腐

接受不了太甜，蔡昊兄自己调了甜辣酱，有点甜又有点咸，还带着一点点辣，仿如试探，当然了，这段试探的对象是大家又爱又怕的甜。吃这道菜，要分两口吃，蘸两次甜辣酱，第二次应该蘸多一点，过瘾！

　　四道承担配角任务的菜，道道精彩。"北鸭南吃"，这是烤鸭的岭南版。带有微波功能的先进烤箱，把鸭皮烤出威化饼般的松脆的同时，鸭肉也鲜嫩多汁。去掉骨头，连皮带肉如烧鸭般砍将出来，蘸上甜酸辣酱，满口的脂香，那是北京烤鸭的丰腴，烧鸭般的鲜香，则有广州烧鹅的风韵。没有京葱，没有黄瓜条，也没有薄饼，老广实在的"啖啖肉"（形容肉多）之所以不显得油腻，全靠一碟酸甜辣酱。那是典型的潮汕味道，这样的"北鸭南吃"，简直是"北鸭南痴","如痴如醉"的"痴"。

"老菜脯蒸巴浪鱼",是巴浪鱼的进阶版。我写过一篇《被严重低估的巴浪鱼》。对巴浪鱼,蔡昊兄与我看法完全一致:丰富的油脂,鱼味十足,价格不高,这是巴浪鱼的优点;由于需要长途跋涉,追波逐浪,长着一身粗糙的肌肉,这是巴浪鱼的缺点。养殖巴浪鱼不需要长途跋涉,只有优点,没有缺点,这就十分完美。当然,养殖巴浪鱼也不能说没有缺点,那就是油脂多这个优点太过了,于是显得肥腻。为此,蔡昊兄找来潮汕三宝之一的萝卜干。十年以上的老萝卜干,已经带来少许药香,一番炒制后铺在巴浪鱼上蒸,既去腻又增香。吃这个菜,要匙子筷子一起上,鱼肉和老菜脯一起来,以塞满嘴巴为限,那一口鱼香和老菜脯香,会让你差一点窒息。

炒茄糕,是对季节的回应。广州的夏天,正是茄子上市的时节,这时的茄子,细皮嫩肉。茄子内部细胞之间有众多细小气穴,构造松软,这对厨师来讲有两大挑战:一是一煮就缩小,难以搭构造型,二是遇油吸油,相当油腻。在提倡少油少盐的今天,各种红烧茄子的做法,就有些不受待见。但茄子又极喜油腻,茄子有一名曰"落苏",这是吴语方言,吸油的茄子,味道与牛羊奶做成的"酪酥"很像,所以从"酪酥"变成"落苏"。蔡昊兄用"茄糕"解决了这两个难题:将茄子蒸熟后捣成泥,这种形状潮汕话称之为"糕",什么造型不造型的,弄成泥也是一种造型!加肉碎和蒜泥炒,不用太多油,也鲜得很、香得很。吃这

肆 — 岭南豪宴

炒茄糕

263

道菜，要用匙子一小口一小口地尝，感受茄子的细腻。

咸菜炒韭黄，是对季节的反叛。什么季节吃什么菜，这是基本规则，但季节未至，我就好那一口，怎么办？蔡昊兄用这个菜给出了答案：韭菜、韭黄，冬春两季最佳，秋天尚算勉强，夏天则有一股臭味，而且又粗又老，那是韭菜的硫化物过于旺盛所致。蔡昊兄来了一个不信邪大挑战，用韭黄，够嫩，绿豆芽菜掐头去尾，加点芹菜，再用咸菜汁同炒……奇迹发生了！咸菜汁里的乳酸、苹果酸、柠檬酸释放出的氢离子抓住硫化物，这些硫化物大部分挥发不出来，我们闻不到，所以不觉得"臭"，而绿豆芽的甜，芹菜的对-聚伞花素散发的特殊香味也掩盖了夏日韭黄的部分令人不舒服的气味。吃这个菜，我心中不禁佩服得大呼：挑战成功！

厨神蔡昊的创新一向源源不绝，他善于从研究食材出发，用科学烹饪琢磨新菜，由此可见一斑。

二千平方米的空间，除了包房和不缺私密的散台，还有一个威士忌吧和一个可以容纳二十人就餐的板前吧台，这可能是时尚达人和威士忌爱好者的最爱，据说很快就会开放。而四个专业的侍酒师，让餐酒搭配不再成为烦恼，服务上的周到和细心，即便在口罩的包裹下也可以感受得到。

刚开业的第一天，我作为第一批客人受邀体验，门口的钢琴，让餐厅一下子有了艺术感，我女儿花生弹了一首《孤勇者》。是的，蔡昊就是广州餐饮业的孤勇者，为广州带来了这个顶级餐厅，让"食在广州"实至名归。

广州城中餐厅，我个人认为黑珍珠二钻的好酒好蔡和瑰丽酒店的广御轩代表了广州美食的最高水平。当然了，高水平意味着高投入、高成本，好酒好蔡太熟，每次去吃饭，蔡昊兄总以成倍的餐费送我美酒，不能多去。而广御轩则无需靠砸钱来表达诚意，这才是我选择在那里宴客的原因。瑰丽酒店的业主是香港新世界发展有限公司，他们在白云区有些遥远的白云岭南新世界新开了一个广州新世界酒店，里面的中餐厅一方，从广御轩调了八位师傅，做出了另一个不得了的餐厅。

餐厅的主力来自广御轩，菜品自然自带广御轩的风格，认真吃了前菜、烧鹅、白卤水椒麻石燕和叉烧酥。这几道菜我在广御轩吃过，出品完全一致，但价格却便宜了不少。我想，以后想吃广御轩的叉烧酥就可以来一方了，谁跟钱有仇啊！

没有哪位师傅想永远活在别人的阴影之下，谁都想做出属于自己的菜，下面这几道菜水平绝对是广州粤菜顶级的：XO酱萝卜糕炒波士顿龙虾，用波士顿龙虾请客有面子，但波士顿龙虾出肉率不高，肉虽然极鲜，但含色氨酸，因此也有一丝苦味。用XO酱和萝卜糕一起炒，洁白的萝卜糕与龙虾肉可以鱼目混珠，拼凑成一大碟，就显得大气。极嫩极甜的萝卜糕，掩盖了龙虾肉淡淡的苦味，自制的XO酱也为龙虾和萝卜糕增添了广府味道。这道菜好吃，有面子，还有效

肆－岭南豪宴

不得了的一方

地降低了成本。

自制菌酱蒸松叶蟹。来自北太平洋的雪蟹，盛产于日本鸟取县附近，其实俄罗斯和日本北部都有，肉质鲜美、滑嫩，尤其是冬季繁殖季节期间，蟹黄与蟹膏更是鲜美无比，被日本人奉为龙肝凤髓。松叶蟹的鲜味由游离氨基酸提供，这些鲜味氨基酸主要包括精氨酸、甘氨酸和脯氨酸，带有较小量的丙氨酸、谷氨酸和牛磺酸，这些鲜味物质虽然含量多，但还是过于单一，表现出来的就是鲜但太过锐利，不够丰富。广御轩和一方的解决方案是加菌菇酱，在鸡枞菌和虎掌菌的季节将两者做成菌菇酱，只需往削了一边壳的松叶蟹上面铺上薄薄一层，一起上锅蒸，最后淋上一点酱油，菌菇所含的丰富的谷氨酸弥补了松叶蟹谷氨酸的寡淡，鸟苷酸的参与更直接将鲜味成倍提高。这道菜要泡着酱汁吃，越多越好。

黄贡椒酱蒸天然甲鱼。甲鱼这道红了几千年的食材，在鲍参翅肚等名贵食材的冲击下，加上野生资源匮乏，近几年它的价值被严重低估。即便上甲鱼，大家的认知也是甲鱼裙边才是名贵的。其实，甲鱼的裙边是胶原蛋白，必须炖至软烂化成明胶，其味道才能被味蕾捕捉得到，论味道，甲鱼肉才是上乘。甲鱼肉具有鸡、鹿、牛、羊、猪五种肉的美味，故素有"美食五味肉"的美称。广御轩冯永彪师傅深谙其中的秘密，拿手菜炒甲鱼就是裙边和甲鱼肉一起上阵。但黄贡椒酱蒸天然甲鱼这道菜不用炒，而是把甲鱼斩件后与黄贡椒一起蒸。发酵后的黄贡椒，辣味的辣椒素大幅降低，变得更加沉稳，鲜味的氨基酸却呈几何级数上升，多糖也部分转化成单糖，这就是甜味，与甲鱼搭配出场，辣不掩鲜，鲜中带辣，那种辣稍纵即逝，开胃又过瘾，很符合广东人对辣的接受度。这是广御轩冯永彪师傅前段时间去湖南采风后带来的菜，每次彪师傅出去采风，菜品都会有一次提升。

荞菜榄仁炒红玫瑰鱼柳，将红玫瑰鱼去骨起片，与荞菜同炒，最后撒下榄仁，这道菜镬气十足，显示出师傅们非凡的小炒功夫。老广说的荞菜，就是我国最早的五种蔬菜"葵韭藿薤葱"中的薤，"薤"就是藠头，也叫"荞"。在张骞把大蒜带来中国前，它还叫"蒜"，大蒜到来后，它就只能叫小蒜了。荞菜兼具葱、蒜、韭菜的味道，喜欢偏冷的气候，冬季及夏季 30℃ 以上时休眠，珠三角的春天，正是荞菜的季节。与红玫瑰鱼柳同炒，诀窍在于一个"快"字，荞菜过火就满口渣甚至咬不动，鱼柳过火了则散掉变成鱼茸，师傅们把握得极好，都是刚刚断生又镬气十足。最后撒下的榄仁，是这道菜的点睛之笔，榄仁具有独特的香味，这种香味既有杏仁香，又有松子香，来自积雪草苷、对羟基苯乙酮、蛇菰素、去氢催吐萝芙木醇等四种化合物，这样的组合是其他果仁所没有的。吃这道菜我建议用匙子，取鱼柳一块，荞菜两段，榄仁越多越好，张开大嘴巴，一勺下去，慢慢咀嚼，闭上眼睛，慢慢回味，你会有幸福的感觉。

最令人拍案叫绝的是这道辣桑根猪肚汤，这是广御轩没有的菜。一方的主厨阿超师傅来自从化，他取来当地称为辣桑根的药材与猪肚一起熬汤，临上桌时每碗再配上一片薄荷叶，这道貌似胡椒猪肚汤的汤一下子有了清香气息。从化人所说的辣桑根，学名山鸡椒，是樟科木姜子属的多年生落叶灌木或小乔木植物，被称为"山胡椒"，它的果实就是近年的网红食材木姜子，贵州酸汤鱼不能缺的灵魂，它的根部有胡椒般的辛辣和芳香味道。山鸡椒独特的香味主要是柠檬醛，味道方面，山鸡椒的气味清新，类似柑橘。山鸡椒还富含香叶醛、橙花醛和右旋柠烯，加上薄荷的薄荷醇，这道汤既有胡椒的辛辣，又有柑橘、香叶、柠檬、薄荷的复合香味，这比什么花胶、鱼翅好吃多了，关键是还不贵！

一方以广御轩为基础，大胆起用阿超师傅，阿超师傅敢于运用本地食材进行表达，不一味地在贵价食材上琢磨，这种风格符合广府人"平靓正"的价值观。

餐厅取名"一方"，据说是鉴于地方稍为偏僻，希望能守好一方。我看"一方"不是安居一方，这种趋势，肯定称霸一方，住在这附近的人有口福了！

肆 — 岭南豪宴

不随便的"随轩"

大约一年前,家里领导向我推荐了一家餐厅,理由之一是那里的一只舞狮包子可爱极了。我一笑而过,心想,食物外观可不能作为评判一家餐厅的主要指标。

近日,美食作家钟洁玲老师约我,说希尔顿酒店传讯部经理梁慧文女士是我粉丝,想约我吃个饭认识一下,这多少有点意外。虽然不习惯这种饭局,但钟老师首次约饭,而且搬出广府文化研究专家饶原生老师作陪压阵,再拒绝就不近人情了。

临出发,家里领导提醒我,今天是我阴历的生日。虽然晚上外出应酬吃饭是常态,但这样的日子不与家里人在一起,当然有必要交代清楚是赴什么饭局。找出钟老师的信息一对照,希尔顿酒店中餐厅随轩,原来就是一年前家里领导给我推荐的餐厅,巧了。

没想到,这家餐厅给我带来意外惊喜,只用普通食材,就把地道的粤菜风味展示了出来,且精彩至极。

前菜四小碟,分别是酸香子姜、松露菜花、沙姜猪手、桂花莲子。粤菜向来不重视前菜,这几个前菜却十分用心:子姜酸腌,脆爽酸辣,氢离子刺激下,唾液大量分泌,口水直流,这就是"开胃";辣椒素刺激味蕾,带来又热又痛的触感,此谓之"爽";菜花用开水焯过,去除了"臭青味",轻度脱水,这就是"脆";松露酱特殊的香味,均匀地附着到菜花无数的缝隙中,这就是"入味";白卤水煮过的猪手去骨,胶原蛋白刚刚分解为明胶,放凉后分子结构重构,糯中有嚼劲，广府人谓之"烟韧"；沙姜中龙脑、樟脑油脂、肉桂乙酯浓烈的芬芳气味，给这道小菜写上了粤菜的符号。邓师傅提醒我们，广州西关的泮塘原来也盛产莲子。送进嘴巴里那几颗粉糯的莲子，伴着桂花芳樟醇、紫罗兰酮和顺式罗勒烯那似奶油和蜂蜜一般甜馨的香味，这份明明来自西子湖畔的美味，被兼容并蓄的粤菜毫无保留地拥抱入怀，让人"直把广州当杭州"，又唤起我们记忆中的粤韵广味。

奄仔蟹蒸肉饼是当晚的"硬菜"之一。粤菜的蒸肉饼，颇有讲究，猪肉的肥瘦比例搭配不仅仅是鲜与香的勾搭，还涉及每个人对"腻"的忍受度。手工剁肉，颗粒的大小，肌肉纤维的粗细，决定了口感是爽口弹牙还是软滑细腻。鱿鱼粒的加入，既丰富了游离氨基酸的组合，带来了鲜，又给肉饼带来弹牙的口感。被老广称为马蹄的荸荠，清脆鲜甜，与咸鲜的大头冲菜一起，既解腻，又为肉饼增加了迷人的味道。将上述食材汇集一起，调好味，还少不了"挞"这个环节，用指力顺着一个方向搅拌，偶尔用指背推压和拿起摔打，让肉糜粘连，至光滑不粘手为度。之所以要向一个方向搅拌，是为了让肉糜纤维与其他食材的粘连更为结实，产生爽口弹牙的口感。初夏，正是奄仔蟹的季节，肉质紧致嫩滑、丰腴肥美的奄仔蟹与肉饼同蒸，肉饼的谷氨酸为奄仔蟹丰富的氨基酸做了加法，奄仔蟹的琥珀酸渗入肉饼中——这种相互加持，完美地诠释了广府人对"鲜"的深刻理解。

广府人对"鲜"的理解，有自己的一套独立体系，比

奄仔蟹蒸肉饼

风味岭南

上汤八宝菜

如在烹饪鱼时只是简单地用油和盐。鱼的鲜味主要来自谷氨酸和肌苷酸,加热可以让部分蛋白质转化为谷氨酸和肌苷酸,但含量没有达到人的感受阈值,也就是说,它产生的鲜味不足以被我们尝到,加入食盐,对于谷氨酸具有"增味效应",相当于放大了鲜味。尽管市场销售的食盐中,氯化钠纯度高达95%以上,但那些极少量的"杂质",赋予了不同食盐独特的风味特征。"随轩"用海盐，带来的是"海的味道"。砂锅加热，爆香姜蒜，调好油盐水，放入黄花鱼，烧至八分熟即可出锅，剩下的二分则交给从厨房到餐桌这段时间和余温。吃的时候得用勺子，鱼肉与汤一起入口，鲜与嫩之间，分明夹杂着大海的味道，而伴随着大海纯朴风味的，还有花生油的纯香。为了这一口纯香，受酒店限制而不允许用土榨花生油的"随轩"，找到了低温萃取的花生油，它们保留了相对较多的花生油风味。

由于分布范围极广，香醇肥嫩的鳝鱼几乎存在于全国各地的餐桌，烹饪方法也是五花八门，冷盘、炒、炖、烧、蒸、水煮、干煸、啫啫、火锅，各施各法，各自精彩。而广东台山的黄鳝饭，这种碳水和蛋白质的组合，可谓一绝。"随轩"给它来了个升级版：宰杀鳝鱼时骨肉分离，将富含胶原蛋白的鳝鱼骨熬出浓汤用来煲饭，增鲜又增香；采用当年的五常大米煲饭，恰当的直链淀粉和支链淀粉比，带来了柔中带弹的迷人口感；足够多的鳝鱼、干炸的瑶柱丝、陈皮丝、红枣丝、姜丝、松仁、胡椒粉、香菜和葱，足以保证这煲饭的香和鲜，加上这个季节肥美的海胆拌匀，最大限度地表达了"鲜"。古时候将鳝鱼称为"觯鱼"，乃鳝鱼一洞一鱼，喜欢独处之故。"单"字有另一个读音 shàn，所以又被写成鳝鱼。这煲如此热闹的海胆鳝鱼饭，让鳝鱼并不孤单，不禁认同了古人这一绝妙的改名。

令大家拍案叫绝的居然是"上汤八宝菜"——油麦菜、香菜、芹菜和蒜苗，用老母鸡熬制的鸡汤煮，香味综合浓郁又极度和谐。这道菜的灵感来自粤菜里的"七样羹"和"杂菜煲",但如何组合才使味道不相互冲突,是好吃与否的关键。邓师傅选取的这个组合非常巧妙:主角油麦菜,油麦菜的莴苣素贡献了香味,甘露醇贡献了甜味。莴苣素有苦味,这也是油麦菜有一点点苦的原因,但只要一加热,莴苣素的苦味物质就会被分解,稀释到水里,剩余的那一点点苦味又被甘露醇的甜味和上汤的鲜甜味所覆盖。香菜的味道来自正癸醇、壬醛和芳樟醇,这几种香味物质可以掩盖油麦菜里莴苣素的苦味;芹菜的香味来自对-聚伞花素,清淡而婉转;而蒜苗里的硫化物则贡献了浓郁的蒜香味——种种味道的组合,将油麦菜的苦味彻底掩盖,顺便带来了各种香味,就是这道菜受欢迎的原因。

"随轩",取《随园食单》之"随",是向袁枚致敬。《随园食单》里的各种讲究,其实就是"认真"二字,这种精神,"随轩"深刻领会并认真贯彻执行了。在租金成本与人力成本日益上涨的今天,随轩不以名贵高价的鲍参肚翅推高客单价,认认真真地对待一蔬一饭,满足广府人"平靓正"的务实消费需求,真真难得。负责这个餐厅出品的,是有着三十年粤菜经验的邓志雄师傅,土生土长的广州仔,对老广的需求,他清楚得很。

这个不随便的"随轩",值得一试。

肆 — 岭南豪宴

玉堂春暖的八宝鸭

在杭州俞斌的解香楼,吃到了一款八宝鸭:斩鸭件去骨,包住八宝馅料并扎紧,先蒸后炸,再斩件上碟。这是典型的外酥里糯,鸭肉与八宝馅化为一体,鸭皮如烤鸭般酥脆,非常好吃。刚好白天鹅宾馆玉堂春暖梁建宇师傅坐在我旁边,我问他白天鹅宾馆现在还做不做八宝鸭,梁师傅说这种功夫菜确实少做了,但仍保留着相当的水准,欢迎我随时去品尝。新华大哥从上海到广州,大家给他摆的欢迎宴,我就定在了白天鹅宾馆,目的就是想尝尝这里做的八宝鸭。

菜上来了,满满一大盘,一只完整的鸭子,躺在一个五彩瓷盘中,周围垫着白焯的菜心。师傅用刀叉将鸭子剖开,香味扑鼻而来,浇上浓稠的酱汁,再给每人分一碗。充满期待的眼睛仿佛都可以看到香味弥漫,用勺子送进嘴里,只需轻轻一抿,融于一体的鸭肉和八宝馅就已经化成满嘴绵密,脂香和肉鲜,加上淀粉带来的甜蜜交织在一起,舌尖的幸福厚重而实在。

梁师傅告诉我这个八宝鸭的做法:1.先将糯米、去衣绿豆、干贝、栗子、陈皮丝、薏米六种馅料泡发;2.将整鸭从腋下下刀去骨,保留完整的鸭子形状;3.将六种泡发好的馅料和火腿粒、咸蛋黄酿入去骨的鸭子中,扎好后用老抽上色,高油温炸至金红色;4.用高汤调味加入八角、陈皮、香叶、花椒等香料,把炸好的鸭浸入,用大火蒸四个小时;5.原蒸鸭的汤,也叫陈鸭汤，勾芡做成浓汁，切开鸭时淋上。

这是一道功夫菜，仅蒸鸭子就耗时四个小时，如果算上泡发、拆鸭骨、上色、油炸，那时间就更长了。时间当然是"功夫"，但这个菜真正的功夫在于将鸭去骨又保留整鸭这一精细刀工。据梁师傅说，以前师傅们考试，给鸭去骨是粤菜师傅的必考科目，评委们考察的是去骨后肉是否多，肉多才是好的。鸭去骨后倒水进去，拎起来要不漏水。达到这个水平，确实需要勤学苦练。现在这个菜少做了，刀工能达到这种水平的师傅自然也就少了。

这个菜从刀工到烹饪手法，从味型到呈现方式，都可以看到淮扬菜的身影，从历史文献看，这个菜的"知识产权"也应该属于淮扬菜。据乾隆三十年正月乾隆南巡时的《江南节次照常膳底档》记载，"正月二十五日，苏州织造普福进糯米鸭子，万年春炖肉，春笋糟鸭，燕窝鸡丝"。这里的"糯米鸭子"应该就是八宝鸭，能够进奉给南巡的乾隆皇帝，档次够高的，在当时的苏州地区，这道菜就是最著名的传统名菜。这道菜怎么做，没留下文字，但二十七年后袁枚的《随园食单》里的"蒸鸭"，说得很详细：

> 生肥鸭去骨，内用糯米一酒杯、火腿丁、大头菜丁、香蕈、笋丁、秋油、酒、小磨麻油、葱花，俱灌鸭肚内，外用鸡汤放盘中，隔水蒸透。此真定魏太守家法也。

肥鸭去骨，填入九种馅料，用鸡汤隔水蒸透，这与八

肆 — 岭南豪宴

八宝鸭

宝鸭的做法基本一致。馅料里的"香蕈"就是香菇,"秋油"就是酱油,大头菜丁就是类似于广东的大头冲菜或者四川的榨菜一类。这样说来,那时的九种馅料也太普通了,做法上用鸡汤蒸,也过于简单。白天鹅酒店用老抽上色,再用油炸,这样鸭子颜色更漂亮,蒸鸭的汤还加上各种香料,味道更香,最后用陈鸭汤勾芡做成浓酱汁淋回八宝鸭,这才入味。我们经常抱怨美食"今不如昔",这也是一种偏见,以八宝鸭为例,现在的做法不知比以前好吃多少倍。

《随园食单》没有把这种做法叫"八宝鸭",而是叫蒸鸭,可见在袁枚那个年代还没有"八宝鸭"的叫法。蒸鸭这种吃法,南宋时就有,有陆游的《书怀其四(四首)》为证:

苜蓿堆盘莫笑贫,
家园瓜瓠渐轮囷。
但令烂熟如蒸鸭,
不著盐醯也自珍。

虽然说的是苜蓿,但也扯上了蒸鸭,说家里有苜蓿、瓜和葫芦,可别笑我贫,只要烹饪得当,做成如蒸鸭一般烂熟,即使不加盐不加醋,也好吃得很。

蒸鸭也好,八宝鸭也罢,皆以"烂熟"为要,盖因古时平民百姓平时能吃上一顿肉不容易,孟子在描述他心目中的理想社会时说:"五十非帛不暖,七十非肉不饱"。好不容易得到的肉,要做得够软烂,牙口不好的老人家才吃得下，这种敬老传统沿袭了几千年，也成了烹制肉食的标准。再说了，古人养鸭不像今人养鸭般有快速成长的饲料，鸭子长得慢，鸭肉肌肉纤维比较粗，还到处连着结缔组织，不把它煮烂，牙口不好的人还真不好对付。再看里面填着的糯米、绿豆、栗子、薏米，虽然已经泡发过，但隔着鸭子，热量的渗透也要冲破万水千山，淀粉类的食物，软糯意味着充分糊化，吃到嘴里，淀粉酶直接把淀粉分解为糖分，这就是甜。又香又糯又甜，这叫人怎么不喜欢？

"八宝鸭"这个叫法，则要等到袁枚的《随园食单》出版后的一百年左右才出现。有一个叫夏曾传的人，袁枚的小粉丝一枚，写了《随园食单补证》，对《随园食单》里的"蒸鸭"条目补充说："此八宝鸭。凡藏鸭之物，或京冬菜，或干菜，或大葱，皆可总之。"这说明当时已经有"八宝鸭"的叫法，但经多年演变，内里馅料非但没有升级，反而一代不如一代。"或京冬菜，或干菜，或大葱"，这些东西都算"八宝"，真让人大跌眼镜。

这道菜的演变，不仅表现在馅料上，在烹饪技法上也趋向简单化，比如上海城隍庙老饭店，当时的八宝鸭是用带骨鸭开背，填入配料，扣在大碗里，封以玻璃纸蒸熟。这种做法精简去鸭骨的功夫，省事多了，鸭骨撑起整个骨架，鸭形丰腴饱满，出笼时再浇上用蒸鸭原卤调制的虾仁和青豆，里里外外都有料，也算"多快好省"。至于出现在袁枚《随园食单》之后的拼凑之作《调鼎集》里的八宝鸭，"切方块，配木耳、香芃、笋片、火腿片、莲肉，加酒、椒、酱、酱油煨"。

属于鸭块与多种辅料相结合的煨菜，全然没有现在八宝鸭的影子，粗糙得很，差评！而葫芦八宝鸭，只是在鸭子中间用绳子捆一下，蒸烂后就成了葫芦状，倒不复杂。

窃以为，此类功夫菜，亮点就在于展示功夫。厨艺之所以迷人，就在于其艺术性，这类功夫菜，虽然其食材放在今天属于普通货，但它的价值不应在一堆名贵食材简单堆积的"土豪菜"之下。我们欣赏一幅画，是欣赏艺术家的高超技艺，而不是因为它的纸和墨有多名贵——厨师的出彩，也是这个道理。

你以为然否？

懒人吃榄仁

肆 — 岭南豪宴

端午节刚过,有的酒店和餐厅就投入月饼市场争夺战中,而这几年越来越受欢迎的五仁月饼,也成了战场的"主力武器"之一。广式五仁月饼中的"五仁",包括核桃仁、杏仁、橄榄仁、瓜子仁和芝麻仁,其他地方的月饼则没有那么严格的规定,多数以花生仁代替橄榄仁,毕竟橄榄仁只产于岭南,稀缺性和手工麻烦,使它价格昂贵,动辄四五百元一斤,奢侈。

橄榄仁,准确来说,是乌榄核里的肉。虽然砸开橄榄核,也可以得到里面的肉,味道和口感也没有什么差别,但橄榄核太小了,经济账算不过来。乌榄也是橄榄科的,两者是亲戚,一般生长于海拔 1280 米以下的杂木林内,对土壤要求不严格,只要土壤深厚、疏松、排水良好,具有一定肥力的山地均能种植,以酸性土壤,pH 值在 4.5～5.0 为佳。乌榄属热带性果树,喜高温、不耐寒,在平均温度 20～22℃,生长最为适宜。冬季处于休眠状态下,能忍耐短时间的低温,但不能低于 1～2℃。乌榄也较耐旱,在降雨量 1200～1400 毫米的地区可正常生长。符合这些条件的,有我国的广东、广西、海南、云南,东南亚的越南、老挝、柬埔寨,这些地方,就是榄仁的产区。

我国和越南都是橄榄的原产地,现在海南岛尚有橄榄的野生种就是证据,贾思勰在《齐民要术》卷十中把它列为"五谷、果蓏、菜茹非中国物产者",这是不准确的。这一条目的原文如下:

《广志》曰："橄榄，大如鸡子，交州以饮酒。"

《南方草物状》曰："橄榄子，大如枣，大如鸡子。二月华色，仍连着实。八月、九月熟。生食味酢，蜜藏仍甜。"

《临海异物志》曰："余甘子，如梭形。初入口，舌涩；后饮水，更甘。大于梅实核；两头锐。东岳呼余甘、柯榄，同一果耳。"

《南越志》曰："博罗县有合成树，十围，去地二丈，分为三衢：东向一衢，木威，叶似栋，子如橄榄而硬，削去皮，南人以为糁。南向一衢，橄榄。西向一衢，三丈。三丈树，岭北之猴□也。"

用现在的话说，大意是：《广志》说："橄榄，像鸡蛋大，交州人用它下酒吃。"

《南方草物状》说："橄榄子，像枣子大。二月开花，接着不久就开始结果。八月、九月成熟。生吃味道酸，用蜜渍藏就甜。"

《临海异物志》说："余甘子，形状像织布梭子。刚吃进口时，舌头发涩；吃后喝了水，就会变甜。比梅子的核要大，两头是尖的。东岳泰山一带地方叫余甘为柯榄，是同一种果子。"

《南越志》说："博罗县有一株合成树，有十围粗，在离地二丈的地方分为三枝：向东面的一枝是木威，树叶像栋，果实像橄榄，但比较硬，削去皮，南方人把它作成果饯。南面的一枝是橄榄。西面的一枝是三丈。三丈树，就是岭北的猴□树。"

榄仁

贾思勰应该算是美食考据派的始祖,说个橄榄,引用了这么多资料。他生活在南北朝时代,那时的交州,包括越南中北部、广西钦州及雷州半岛、海南岛等地。《南方草物状》就是《南方草木状》,宋太宗修《太平御览》时弄错了书名,后来以讹传讹都叫《南方草木状》。这些都不是重点,重点在最后,说博罗有一棵大树长了三个杈,一枝是橄榄,一枝是"三丈树"(原文称为"岭北之猴□树",因为中间缺了一个字,我到现在也弄不清楚是什么),另一枝是"木威",这一枝"叶似楝,子如橄榄而硬,削去皮,南人以为糁"。这个"木威",就是乌榄。一棵树长出三种树,结两种果,这是寄生现象,鸟把其他树的种子带到母树身上,从母树里长出另一种树,这种现象挺多的,不奇怪。

风味岭南

乌榄虽然是橄榄的亲戚，但乌榄的单宁含量更高，比橄榄更涩，所以无法生吃。古人不知如何去掉单宁，但知道单宁主要在皮上面，所以"削去皮"。"南人以为糁"，这个"糁"读 shēn，不读"糁汤"的 sǎn，原意指谷类磨成碎粒，在这里意指把乌榄压碎，部分果酸跑了出来，所以没那么酸，也便于其他调味料的味道进去。这种果饯做法，

白天鹅宾馆的榄仁沙琪玛

适合很酸的水果，现在潮汕一带还保留着，比如"橄榄糁"。

现在大家知道高温浸泡可以去除大部分单宁，所以乌榄的吃法不再是"乌榄糁"，而是通过开水泡去涩，然后泡在盐水里，这就是潮汕的"乌榄"；而乌榄与酸菜叶一起熬煮，就是"橄榄菜"。这两者经常出现在"食糜"的"杂咸"里。广府菜则多用作"榄角"：将乌榄洗干净，倒入不低于70℃的热水浸焖约15分钟后，乌榄变软，用细丝线将乌榄一分为二切开，脱去榄核，加盐或酱油腌制，就大功告成了。榄角是煮菜调味佳品，蒸鱼、蒸排骨放少许在上面，立即清香四溢。榄角的挥发性物质抓住鱼和排骨的腥味物质一起飘走，所以蒸出来的肉不仅没有腥味，还能吃到肉里透着榄角特殊的香味。

更为精彩的榄仁，则颇费工夫。用刀将榄核竖切一分为二，横长着的榄仁还必须保持完整，这样才能保留好的品相。这种功夫，用的是"阴力"，手腕要掌握好力度，非经千锤百炼，无法达到这种境界。

取榄仁食用，南宋的周去非在《岭外代答》中就有记录：

> 乌榄如橄榄，青黑色，肉烂而甘，亦可作蔬茹，核差长，其中仁，味松美，荐酒泛茶皆珍。相馈遗者，独以核致远，微暴干，椎取仁。

清代中医学者、本草学家赵学敏在乾隆三十年出版的

《本草纲目拾遗》中说：

> 乌榄，皮黄黑色，肉白有文，层叠如海螺蛸状，酒筵中以为豆食品。

这两个文献都说那时榄仁是用来做酒配和茶配的，其功能相当于炒豆子，还未入菜。大清当过广东学政的四川人李调元在《粤东笔记》的"油篇"中说了各种油，其中就说到"榄仁油、菜油、吉贝仁油、火麻子油皆可"，这里的榄仁是用来榨油的。

但取榄仁太麻烦了，100斤乌榄才可以取8斤榄仁，很少有人去打榄仁的主意。袁枚《随园食单》里有一道"王太守八宝豆腐"，用到了"松子仁屑、瓜子仁屑"，就是没有榄仁。即便大清宫廷里的果仁月饼，里面也没有榄仁。《红楼梦》第七十六回，写到只有身为一家之长的贾母才能吃"内造瓜仁油松瓤月饼"，这种大内御膳房制作的果仁月饼，皇上会赐给贵族享用，用的是松仁、核桃仁、瓜子仁，同样也没有榄仁。

榄仁入馔，在民国的时候多了起来。《20世纪上海文史资料文库》就记载了民国时上海某粤菜馆的五仁月饼，选用了浙江北山的杏仁、广东西山的榄仁和海南岛的椰丝。民国广东第一美食家江太史江孔殷，也是榄仁的粉丝，他的孙女江献珠在《钟鸣鼎食之家》中说："榄核晒干开边可挑出榄仁，是筵席及甜点心的配料。"太史宴中的猪肚尖炒榄仁，想来味道应该不错。

榄仁具有独特的香味，这种香味既有杏仁香，又有松子香，是众果仁中的极品。2020年，福建省妇幼保健院张婧芳在《海峡药学》发表了《榄仁的化学成分研究》，揭开了榄仁独特香味的秘密。她综合运用正相柱色谱、反相柱色谱和半制备型高效液相等色谱方法进行系统分离，根据化合物的理化性质及其波谱数据确定化合物的结构，在榄仁中分离出胡萝卜苷、齐墩果酸、Berchemol、积雪草酸、对羟基苯乙酮、蛇菰脂醛素、去氢催吐萝芙木碱等七种化合物。前面三种，为榄仁功效研究提供了依据，后面四种东西，就是榄仁香味的主要功臣。

市场上的榄仁多来自广西，不过广东也有非常好的榄仁，尤其是增城的西山榄仁，个头大，香味浓郁，这得益于增城独特的地理条件。增城多是丘陵地带，北回归线由境内通过，气候温和，热量丰富，光照充足，年平均气温为21.6℃，是乌榄的理想生长地。除了西山榄，增城的油榄、秧地头榄都是优良品种。普宁的车心榄也不错。番禺曾经也是乌榄的产区，不过现在几乎难觅一棵乌榄了，无它，经济价值不高的缘故：一棵乌榄树一年也就产三四百斤乌榄，连榄角、榄仁，收入有一万多元，但请人来打榄、腌榄角、砍榄核取榄仁，成本都收不回来，如此这般，经济发达地区也就逐渐没人种乌榄树了。

有趣的是，不仅我们中国人吃榄仁，印度人也吃榄仁。他们将榄仁树的果实去除果肉，烘烤三到四个小时，然后用锤子将之撬开，取出里面带种皮的榄仁食用。最常见的用途是碾碎之后撒在小甜饼或者面包和其他糕点上，或是直接加工成巧克力牛奶软糖。他们也用它来榨油，或者生吃，我在印度吃过用新鲜果仁拌的沙拉，味道还不错。不过，印度的榄仁不同于我们中国的榄仁，他们的榄仁取自"榄仁树"的果实，外形与我们的橄榄很像，但两者关系却是八竿子打不着。据植物学家考证，作为使君子科、榄仁属的大乔木，榄仁树原产于马来西亚，其果实能够在海水中长时间保持活力，一旦遇到合适的土壤就迅速发芽，所以早时它便随着洋流一路漂流到了孟加拉湾与缅甸海之间的安达曼群岛。之后它们继续开枝散叶，有一部分在印度和缅甸登岸，经过天然的引种和传播，传遍了东半球的热带，还有一部分在东非、西非以及一系列太平洋群岛登岸，有的则去了美洲各国的海岸。

1899年，清政府被迫和法国签订条约，将广州湾（如今的湛江）租借给了法国，法国人将榄仁树带到了中国，所以现在湛江和海南还有不少榄仁树。榄仁树不仅产榄仁果，还是行道树的王者，整个寒冬里它的叶子都是绿油油的，到了3月，春暖花开，榄仁树开始变红，如同一团暗红的火焰。这种"反季节"的现象，给人们带来了惊喜。想看这种榄仁树倒不用跑湛江乃至海南，广州也有榄仁树，在太古汇的屋顶花园。

榄仁作为近年食材的新贵，餐厅用得越来越多了。五仁月饼里，蚝爷的金蚝陈皮双仁月饼、金蚝陈皮橄榄单仁

榄仁炒鸡丁

月饼,用榄仁够狠,好吃;汕头东海酒家老钟叔做的"榄仁糖方",全部都是榄仁,糖只是黏合剂,奢华;广州白天鹅宾馆玉堂春暖的"榄仁炒鸡丁",榄仁用油炸过,鸡丁又嫩又香,极品;前几天在好友陈志伟位于海鸥岛的农庄吃饭,上来一碟炒滑蛋,上面铺满一层用瓦片烘烤的榄仁,过瘾;一记味觉有一道"榄仁一口香",在护国菜基础上加了一小撮榄仁,一口入魂。

榄仁得之不易,要靠勤快的双手捶出来。作为饭来张口的懒人,我们尝到那么几口须付出高价,这就是代价。这个食材,没有最贵,只会更贵,想吃的应该趁早。

肆 — 岭南豪宴

"屿"餐厅的红蟳米糕

广州东部有些遥远的天河区与黄埔区交界,有一家极好的闽南菜馆,名字叫"屿",据说灵感来自鼓浪屿,但这个名字用粤语读来却是一点都不好听,粤语读"罪",真是罪过罪过!名字没起好,但菜却做得极好。

最让我喜欢的是他们家的"红树林膏蟹海胆蒸米糕",这是闽南名菜"红蟳米糕"的升级版。寻常的红蟳米糕是将干海味、香菇和炸干葱头爆香,与糯米炒熟或蒸熟糯米再与这些配料拌匀,用盐、酱油、糖调味,膏蟹斩件铺在糯米饭上面再蒸20分钟左右。

福建人极推崇青蟹,福建海域多为锯缘青蟹,因其头胸甲背为青绿色、前侧缘的侧齿状似锯齿而得名。锯缘青蟹栖息于浅海及潮间带,多栖息在泥沙底质和有海草而低凹、退潮后还有水的地方,以及红树的根基附近和浅海岩礁石洞或有其他掩蔽物的地方。青蟹的风味物质主要藏在肉和膏之中,福建人津津乐道的红蟳,说的就是长满了膏的母蟹。

明明是青蟹,为什么到了福建人口里却变成了红蟳?李时珍在《本草纲目》中给出了一半的答案,他在讲到锯缘青蟹时说:"其扁而最大,后足阔者,名蝤蛑。南人谓之拨棹子,以其后脚如棹也。一名蟳,随潮蜕壳,一退一长。"古人为什么将青蟹叫作"蟳"?原来他们见青蟹会蜕壳,每蜕一次壳个子就长一次,蜕了壳的青蟹有时在潮间带四处转,有时又游向大海深处,它们这是干吗去了呢？深受"身体发肤，受之父母，不敢毁伤，孝之始也"教诲的古人，猜想它们是寻找蜕掉的壳去了，它们一辈子都在"寻"，于是给它在"寻"字边加个"虫"，就成了"蟳"。

李时珍解释了"蟳"，"红"则只能靠现代科学来解释了。福建人所说的"红蟳"，特指母膏蟹。性成熟的青蟹，不论公母都有膏，锯缘青蟹的膏，由生殖腺和肝胰腺组成，这是它们最为美味的部分。特别是雌性生殖腺，蛋白质含量高达30.98%，居鲜品蛋白质含量之最，生殖腺里还含有丰富的脂肪，其中不饱和脂肪酸高达70.30%，雄性生殖腺为62.48%；青蟹的肝胰腺也有大量的脂肪，与生殖腺混在一起，这些带膏的蟹非常美味，而雌蟹的膏比雄蟹更多，脂肪酸含量也更多，表现在味道上就是更鲜更香。这些蟹膏为红色，蒸熟后为橙色或红色，这就是"红"的由来。

闽南菜最善于表达鲜味，青蟹的鲜味主要由游离氨基酸提供，这些鲜味氨基酸主要包括精氨酸、甘氨酸和脯氨酸，带有较小量的丙氨酸、谷氨酸和牛磺酸。除了游离氨基酸，鲜味同时也可以由核苷酸提供，两者还可以产生协同效应，将鲜味提高20倍以上，这就是蟹肉比其他水产品更鲜的原因。但闽菜还嫌这鲜味不够，又往糯米里加了鱿鱼干、干贝。加五花肉，这就补充了青蟹略显单薄的谷氨酸。加香菇，这就补充了青蟹没有的鸟苷酸。"屿"觉得还不够，继续给鲜加码，用文蛤水代替水，最后还加上马粪海胆一起搅拌，那口无与伦比的鲜在嘴巴里简直就要爆炸，令人终生难忘。

红树林膏蟹海胆蒸米糕

红色的蟹膏十分诱人

　　红蟳米糕这道菜其实是当两道菜享用，既让蒸青蟹的汁水进入糯米饭中，吃到美味的"米糕"，又吃到蒸青蟹。"屿"对这道名菜的另一个改造是大幅降低糯米饭的分量，这在对碳水化合物充满着警惕的年代，此举显得特别体贴入微，也突出了青蟹主角的地位。青蟹有着独特的味道，这种味道除了鲜味和甜味，还有特别的香气。螃蟹的香气包括甜的、类似植物般的清香气息，通常还伴有金属般的气味和淡淡的鱼腥味的香气。这种新鲜的芳香通常是由链长小于10个碳原子的不饱和醇和醛产生的。另外，含硫化合物和部分烷基吡嗪类物质，通过美拉德反应和硫胺素降解途径，对熟制蟹类等水产品的肌肉香味具有重要贡献。蟹肉中的香气成分主要包括醇类、醛类、酮类、呋喃、含硫化合物、含氮杂环化合物、酯类、酚类和烷烃等化合物。这些香气化合物，主要是略带奶油气味的 2,3- 丁二酮；生鸡蛋气味的四氢化吡咯；肉香、咸香和酱香味的 3- 甲硫基啉丙醛；坚果、爆米花味的 2- 乙酰 -1- 吡咯啉；马铃薯味的顺 - 4 - 庚烯醛和反 - 4 - 癸烯醛。

这些独特的香味是挥发性的，为了让它留住，"屿"想到的解决方案是用荷叶把它包住再放进蒸笼下锅蒸。这让青蟹里的芳香物质无处可逃，而荷叶中的芳香烃、酚类、醛类等挥发性化合物与青蟹的芳香物质互相交融，又赋予了青蟹更丰富的香味。上桌前把这道菜推到客人面前，揭开盖、剪开荷叶，此刻蟹香、荷香飘满屋，令人陶醉！

如此烹饪青蟹，才是把青蟹的优点发挥到了极致。古人将蟹归"虫"类，"闽"字也有"虫"，这真的是"虫虫相惜"，难怪闽菜可以把青蟹理解表达得如此充分。青蟹之妙，另一带"虫"的"蜀"人苏轼也可谓理解得相当透彻。元丰二年（1079），44 岁的苏轼从徐州太守调任湖州太守，时任处州（现浙江丽水）知州丁公默送了青蟹给苏轼，那时青蟹叫"蝤蛑"，苏轼赋诗一首《丁公默送蝤蛑》：

> 溪边石蟹小如钱，
> 喜见轮囷赤玉盘。
> 半壳含黄宜点酒，
> 两螯斫雪劝加餐。

蛮珍海错闻名久,
怪雨腥风入座寒。
堪笑吴兴馋太守,
一诗换得两尖团。

用现在的话说,大意是:小溪中的石蟹小得像一枚钱币,突然见到蜷缩着的青蟹,好像一只赤色的玉盘。看着它黄澄澄的膏堆满半个壳,酒兴就来了,斩出大螯雪白雪白的肉,这饭都得吃多一碗。沿海一带,海汇万类,青蟹闻名已久,这天第一次吃到青蟹,虽然天下着怪雨,刮着腥风,入座的时候感到了一丝寒意,但有了青蟹,这鬼天气又怎能扰我兴致。还是要笑自己这个吴兴太守,实在太馋这口美味了,用诗换得了两只青蟹。

苏轼走南闯北,吃过不少方物,很多是他激赏的,比如江瑶柱、河豚之类,却从未用过"馋"字,唯对青蟹,竟自称馋太守、以诗换青蟹,可见,苏轼对青蟹之大、之美,食蟹之乐、之趣,倍加青睐,给予一份特别的评价。

苏东坡吃青蟹的快意,我们只能在诗文中领悟,美食还是需要亲口吃的,想领会青蟹的美妙,那就到"屿"吃这道"红树林膏蟹海胆蒸米糕"吧,尽管位置有点远,但一定不会令你失望。

后记
岭南胃和岭南情

闲来无事,写下不少美食小文,承蒙出版社老师们不弃,结集出版,这本《风味岭南》是个人作品集的第九本,写的都是岭南美食。

虽然当下作家不值钱,但我也不敢妄称"作家",盖因写作只限于吃吃喝喝,被迫给自己一个头衔,只能厚着脸皮说是"美食作家"。我写美食,很忌讳被贴上地域标签,这会影响读者的数量,但是,我长居广州,又很自然地对粤菜最为了解,写得最多的当然是粤菜。花城出版社约我出一本集中写岭南风味的专著,想来也是应该的,生于斯又长于斯,不敢说这些文章对推广粤菜能有什么帮助,但写岭南风味于我而言不难却是事实,既然不难,那干了就是。

一个地方为什么会形成一种风味,传统观念认为主要由这个地方的地理环境所决定,气候、地形、土壤,决定了物产。巧妇难为无米之炊,美食的基础是食物,食物受地理环境所决定,这个逻辑没毛病。研究人文科学的专家还认为,一个地方的风味还与这个地方的人的性格有关,或者说两者互相影响,比如北方的饮食普遍比较粗犷,江浙沪一带的饮食比较精细,都与这些地方的人的性格相吻合。

科学家们最近有新的研究成果，地方风味的形成与人的肠道菌群有关。人的肠道菌群由多种因素决定，基因、生活环境、摄入的食物、人的情绪都是众多因素之一，这就解释了"妈妈的味道"——基因，也解释了"独在异乡为异客"的人们为什么会怀念家乡的味道，也会逐渐接受他乡的味道——生活环境。

岭南的风味，对应的就是岭南的地理环境和空气中独特的微生物，这些自然条件决定了岭南的食物和人们身体里的肠道菌群，也就决定了一个个岭南胃，再加上岭南文化里的价值观，基本上就决定了岭南人的口味偏好和对美食的评价标准。

当下各种美食榜单无疑对地方美食有着明确的指引方向，但我始终认为，一个地方的美食远远不是各种美食榜单所能覆盖得到的，一个地方的家庭餐桌、大众餐饮和精致餐饮共同反映一个地方的美食，在这本书里，你会看到这三个方面。需要说明的是，当我写某个餐厅时，更主要是以他们为范本，其实是想通过他们展示出岭南风味的一面。当然了，做得好的餐厅，我从不忌讳为他们做广告，对一个好的餐厅，如果我有"利用价值"，那尽管拿去用就是。

居安思危，当我们在大谈岭南风味，大赞粤菜之时，不应该自娱自乐。直面我们的不足，从来时路考虑未来发展之路，是一个美食工作者应有的格局，也是我对岭南美食充满深情的一部分。这本书里就有这方面的思考，虽然只是一己之见，但希望能引起行业的思考。不思进取不属于岭南文化的价值观，也不应该是粤菜的价值观。

我评价一家餐厅，很少给批评意见，砸人家饭碗的事不能干，但这次有个例外，在写某记的时候我不客气了。这篇文章收不收进文集里一度纠结了一阵，不思进取确实是目前一些粤菜餐厅的毛病，通过这篇文章可以把这些毛病讲清楚，因此留了下来，据说这家店现在有了很大的改进。在广州吃大众餐厅，基本上不会掉坑里，大家还是可以放心前往，我在这里祝这家店生意兴隆。

谈岭南美食，离不开岭南文化，岭南文化大家黄天骥老师、罗韬老师和周松芳老师对我影响很大，书里有关岭南文化对粤菜的影响的观点，来自黄天骥老师。罗韬老师更是为本书深情作序，画龙点睛。对粤菜，罗韬老师有太深的感情，都在他的这篇序里了。周松芳老师则愿为了本书做绿叶，前后串联，比自己的书还上心。本书继续请美食摄影家何文安老师配图，由于何老师太忙了，只能配一部分，也只能如此了。对大家的帮助，在此郑重致谢！

岭南人都有一个岭南胃，我们也不缺岭南情，关注粤菜，关注岭南风味，大家一起努力！